奶牛健康数智养殖实用技术

王建华　李培培　等　编著

中国农业科学技术出版社

图书在版编目（CIP）数据

奶牛健康数智养殖实用技术 / 王建华等编著. --北京：中国农业科学技术出版社，2022. 12

ISBN 978-7-5116-6052-7

Ⅰ. ① 奶… Ⅱ. ① 王… Ⅲ. ① 乳牛—饲养管理 Ⅳ. ① S823.9

中国版本图书馆CIP数据核字（2022）第 225408 号

责任编辑 金 迪
责任校对 王 彦
责任印制 姜义伟 王思文

出 版 者 中国农业科学技术出版社
北京市中关村南大街 12 号 邮编：100081
电 话 （010）82106625（编辑室） （010）82109702（发行部）
（010）82109709（读者服务部）
网 址 https: // castp.caas.cn
经 销 者 各地新华书店
印 刷 者 北京地大彩印有限公司
开 本 170 mm × 240 mm 1/16
印 张 14.25
字 数 248 千字
版 次 2022 年 12 月第 1 版 2022 年 12 月第 1 次印刷
定 价 78.00 元

《奶牛健康数智养殖实用技术》编委会

主　　编：王建华　李培培

副 主 编：林雪彦　刘焕奇　赵连生　柴士名

编著人员（以姓氏拼音排序）：

柴士名　董瑞兰　樊晓旭　冯文晓
韩荣伟　郝小静　胡伟民　鞠　林
李建斌　李建喜　李培培　林雪彦
刘焕奇　刘锡武　牟　山　孙彩霞
孙淑芳　孙友德　田莉莉　屠　焰
王　瀚　王　璐　王　伟　王昌亮
王建华　王义坚　吴东霖　肖鉴鑫
徐　明　杨永新　张宝珣　张皓博
张养东　赵金石　赵连生

主　　审：王中华

绘　　图：王　璐

《奶牛健康数智养殖实用技术》
编写单位与编写人员（单位排名不分先后）

编写单位	编写人员
主编单位，青岛市畜牧工作站（青岛市畜牧兽医研究所）	王建华、李培培、张宝珣、刘锡武、郝小静
山东农业大学	林雪彦、鞠　林
青岛农业大学	刘焕奇、杨永新、韩荣伟、董瑞兰
中国农业科学院北京畜牧兽医研究所	赵连生、张养东、王　瀚
山东省畜牧总站	柴士名
内蒙古农业大学	徐　明、吴东霖
中国农业科学院饲料研究所	屠　焰
四川农业大学	肖鉴鑫
中国农业科学院兰州畜牧与兽药研究所	李建喜
中国动物卫生与流行病学中心	孙淑芳、樊晓旭、田莉莉、张皓博
青岛市农业科学研究院	牟　山
山东省农业科学院畜牧兽医研究所	李建斌
青岛市动物疫病预防控制中心	孙友德
内蒙古自治区呼和浩特市农牧局	孙彩霞
江西工程学院	王　璐
北京历源金成科技有限公司	赵金石
山东赛普农牧科技有限公司	胡伟民
北京首农畜牧发展有限公司	冯文晓
光明牧业有限公司	王　伟
青岛荷斯坦奶牛养殖有限公司	王义坚
青岛新希望琴牌乳业有限公司	王昌亮

2021年的中央一号文件明确提出“积极发展牛羊产业，继续实施奶业振兴行动”。2022年提出“加快扩大牛羊肉和奶业生产”，党中央连续8年在中央一号文件中明确提出发展奶业。随着我国城镇化进程的加快，居民收入水平的增加和消费理念的转变，使乳品消费水平日益提高。奶业的健康可持续发展，对于改善居民的膳食结构、增加奶农的收入、促进农业和农村经济的可持续发展具有十分重要的作用。近些年来，奶业生产保持了良好的发展态势，在增加农民收入方面起到了显著的促进作用。我国既是奶牛养殖大国，也是奶牛养殖强国。根据国家奶业产业技术体系调研结果显示，我国2020年规模化牧场奶牛单产达到9.6吨，其在世界范围内处于中高水平，同时养殖规模不断扩大，平均存栏数高达2 203.3头。相关数据均说明我国奶业发展正朝着集约化和机械化迈进。此外，2021年我国乳制品总需求量首次超过6 000万吨，与2020年相比增幅高达10.9%，乳制品消费需求的快速增长进一步为乳业发展提供增长潜力。然而，奶牛养殖集约化及智能化发展模式下同样存在诸多问题，与世界奶业发达国家相比，我国奶业生产整体水平仍然存在较大差距：中小规模奶牛养殖整体技术水平较低，养殖成本较高，乳制品国际市场竞争力不强，我国多地区规模化牧场的成母牛平均利用胎次约为2.7胎，而研究表明获得最佳经济效益的胎次为5胎。因此，高淘汰率和利用年限短是目前我国奶牛养殖发展的重要限制因素。亟待加快奶业科技创新和先进实用技术应用，推进我国奶业向高质量高效益快速转型升级。

党的二十大报告提出，从现在起，中国共产党的中心任务就是团结带领全国各族人民全面建成社会主义现代化强国、实现第二个百年奋斗目标，以中国式现代化全面推进中华民族伟大复兴。新征程上，我们奋进的目标任务更加清晰、前进路径更加明朗。

食品工业，特别是包括乳制品产业在内的乳业全产业链，是建设农业强国、制造强国、质量强国的关键产业之一，是发展中国式现代化的关键产业之一。全面加快推进我国乳业现代化是中国农业农村现代化的题中应有之义，是实现农业大国向农业强国跨越的重要基础和支撑。站在战略高度，定位高质量发展，聚焦行业可持续方向，围绕奶业现代化建设，以科技创新为驱动，以转型升级为主线，以科学技术和智能装备为抓手，着眼国内国际两个市场，全面推进奶业新发展格局，实现奶业全面振兴，这是践行党的二十大提出的重大历史使命的实际行动。为了实现这一历史使命，关键在于转变技术人员和一线实战人员传统观念，树立创新的科学理念和引进并采用先进的新技术。

该书作者围绕“绿色、健康、生态、智慧”发展理念，针对我国适度规模奶牛养殖发展技术需求，吸收国内外最新研究成果，主要面向养殖管理者和技术人员，树立“以牛为本”的管理观念，介绍了一些奶牛养殖的关键技术，为奶牛健康高效智慧养殖和优质乳生产提供技术支持。全书内容富有新意，文字通俗易懂、图文并茂、简洁实用，可供实战一线不同类型读者学习和研究奶牛实用养殖技术者参考。

人工智能与奶牛养殖深度融合的健康智慧养殖是大势所趋。未来奶牛养殖管理必将向“挤奶数据化、饲养精准化、管理智能化”的养殖管理模式发展。奶牛数字化、智能化养殖技术（简称数智技术）的应用是该书主题特色。这一技术将对我国奶牛良种繁育、挤奶管理、精准饲喂、环境控制、疾病防控、数据化绩效考核等关键生产环节技术难题破解起到巨大的推动作用。数字化是新的时代特征，数字经济正在成为新一轮国际竞争的重点领域。要把握以数字技术为核心的新一代科技和产业变革历史机遇，促进数字经济和实体经济深度融合，赋能传统产业转型升级，催生新产业新业态新模式。利用互联网新技术应用对传统乳业产业进行全方位、全角度、全链条的改造，加速推动乳业数字化、网络化、智能化转型升级，促进乳业经济、规范、健康、可持续发展，打造具有国际竞争力的乳业产业集群。在动物营养领域，由我们团队开展的健康营养理论和技术体系研究，取得了突破性进展，对于推动奶牛健康养殖高质量发展有重大理论和实践价值。我衷心地希望作者在该书未来第二版中能更多地运用系统科学思维方式介绍这些新成果、新进展和新理念。

最后再一次热烈祝贺该书出版。

2022年11月10日 于呼和浩特

前言

奶业是畜牧业的重要组成部分，是健康中国、强壮民族不可或缺的产业，是农业现代化的标志性产业，是一二三产业融合性发展的战略性产业，其发展水平是衡量国家畜牧业乃至农业整体发展水平的重要标志。近30年来，国家陆续出台多项奶业扶持政策，推动奶业迅速良好发展，奶牛养殖规模化、标准化、集约化和智能化程度不断提高，奶业全产业链发展和整体生产水平得以快速提升。但与世界奶业发达国家相比，我国奶业整体生产水平和消费水平仍然存在较大差距，2021年，我国奶类人均产量为26.1千克，美国（2017年）为254.9千克，欧盟（2013年）为236.4千克；我国人均乳制品消费量折合生鲜乳为42.6千克，约为世界平均水平的1/3。因此亟待加快奶业资源高效循环利用、绿色低碳、智慧养殖装备等科技创新，推广一批先进实用技术指导奶牛养殖生产，助推现代绿色生态奶业结构转型和产业升级，不断满足人们对优质乳产品日益增长的美好需求。

本书作者践行“健康中国”“绿色中国”发展理念，坚持“人民至上、自信自立、守正创新、问题导向、系统观念和胸怀天下”的世界观和方法论，以服务奶农、振兴奶业为己任，针对我国适度规模奶牛养殖发展技术需求，吸收国内外最新研究成果，主要面向奶牛养殖管理者、爱好者和技术人员等读者，解决养殖生产中的技术和管理问题，为奶牛健康高效智慧养殖和优质乳生产提供数据支持和指导。全书包括奶牛行为与健康观察、良种繁育技术及应用、健康福利技术及应用、数智技术集成及应用、评价鉴定技术及应用、常见疾病防治及两病净化和粪污处理与资源化利用七篇。重点介绍了奶牛行为观察、选配繁育、福利饲养、数智装备、评价分析、常见疾病防治和粪污资源化利用等关键技术要点，剖析养殖实图实例，推荐管理和效果评价的常用指标、检测技术实操方法等。全书力求通俗易懂、图文并茂、简洁实用，旨在提供一本奶牛健康智慧养殖实用技术的实战工具书，指导现代生态家庭牧场和智慧牧场的生产和管理，促进中国式现代奶业绿色低碳高质量可持续发展。

奶业良好发展离不开高质量的奶源，而优质奶源离不开奶牛养殖技术的提升和养殖从业人员的管理运营。养牛人要树立“以牛为本”的管理观念，有“养好牛”的激情，要懂牛、爱牛、护牛，热爱养牛事业，才能苦中作乐，坚定信心，必定能多产奶、产好奶，为保障国家优质乳工程建设和人民身体健康做出更大贡献，这也是作者编著本书的初心和动力。

感谢恩师卢德勋研究员为本书作序，编者致力于学习和传承卢先生系统动物营养学的思路和方法论，将先生的理念和建议融入此书内容。同时感谢山东农业大学王中华教授审阅书稿，并提出了宝贵的修改意见。感谢所有编者对书稿内容的补充完善，感谢业界同仁对本书编著的支持和鼓励。

鉴于编者水平有限，书中难免存在疏漏与不足之处，恳请读者批评指正。

王建华
2022年11月15日于青岛

Contents 目录

1　奶牛行为与健康观察

了解掌握奶牛的感知能力、健康体征，学会观察奶牛行为、社交活动等，为有效开展检测、评价（评估）、鉴定、诊断、治疗等提供依据，及时调整或改进管理技术措施，规范或完善管理制度。

1.1　感知能力

1.1.1　牛的视野

牛的视野范围大约为330°，双眼重叠视野仅有30°～50°，如图1-1所示。牛能估计正前方的距离。若奶牛暴躁不安，从一侧或某个角度缓慢接近是明智的。若奶牛安静温顺，可从正前方接近，它能意识到人在靠近它。

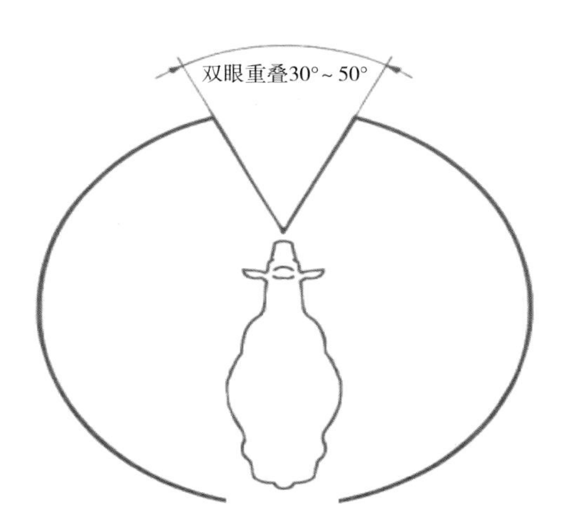

图1-1　牛视野感知范围

1.1.2　牛的辨色

图1–2　牛体刷

牛易辨认红色和黄色等长波长的颜色，但辨认蓝色和绿色等短波长颜色的能力欠佳。在奶厅标识、牛舍装备设置等设计时，可以考虑选择什么色彩更好。图1–2所示的牛体刷可利用牛对颜色敏感性差异，设计成红色和黄色，对牛而言更加醒目。牛更愿意从较暗的区域进入较亮的区域，不愿意进入强日照区域，且喜欢避开日光与阴影存在强烈对比的区域，如牛舍（棚）门口或围栏的日光与阴影交界处。

1.1.3　牛的听力

牛的听力比人类更灵敏，为8 000赫兹左右最敏感（人类敏感听力范围：1 000～4 000赫兹）。当牛无法通过视觉找到声源时，有时会表现得烦躁，这是因为牛不擅长定位声音，它们只能定位30°范围内的声源。

1.1.4　牛的嗅觉

牛的嗅觉非常发达。牛的嗅觉主要用于寻找食物和社交（图1–3）。公牛能够在母牛表现出站立发情数天前，就识别出处于发情期的母牛，母牛可以通过气味寻找和识别自己的犊牛。

图1–3　牛嗅觉社交

1.1.5　牛的味觉

牛喜食甜味和酸味的饲草料，不喜欢苦味和含盐高的饲料，牛也嗜好香味。据有关研究表明，饮水中加入0.08%的谷氨酸钠，牛表现出强嗜好。

1.1.6　牛的痛觉

牛的上皮感受器官非常发达，包括鼻唇镜和身体的覆毛部位。牛与人类感受疼痛的生理条件相同。

1.1.7　牛的沟通

通过姿势、声音、味觉、身体接触发出信号，其他牛通过视觉、听觉、嗅觉和触觉感知进行交流。

1.2　健康体征

1.2.1　体温

牛的正常体温范围为37.5～39.2℃。小犊牛、兴奋状态的牛或暴露在高温环境的牛体温可达39.5℃或更高，若超出这个范围均视为异常。

1.2.2　脉搏

成年牛的正常脉搏率为60～80次/分钟，犊牛为72～100次/分钟。多种环境因素和牛的状态（运动、采食等）均可影响脉搏率。

1.2.3　呼吸频率

成年牛安静时的正常呼吸频率为18～28次/分钟，犊牛为20～40次/分钟。正常呼吸的次数、深度受多种环境因素（气温等）和牛的状态（运动等）影响。当奶牛呼吸和反刍频率出现明显波动时，可能与热应激或疾病等异常状况有关。

1.2.4　中心静脉压

牛的中心静脉压正常值为（90±40）帕。

1.2.5 消化系统生理指标

瘤胃温度在39～41℃，瘤胃容积为150～200升。瘤胃内容物pH值为5.5～7.5，一般为6.0～6.8。瘤胃液pH值降低到6.0以下时，就会减少奶牛食欲，降低瘤胃蠕动和纤维消化，严重时会导致酸中毒、跛行。皱胃（真胃）分泌盐酸，食糜pH值低于3。健康牛瘤胃蠕动1～3次/分钟。每昼夜反刍8～10个周期，每次40～50分钟，每天反刍6～8个小时，正常每口咀嚼50～70次。嗳气：每小时17～20次。

1.2.6 血液生理生化指标

奶牛血液生理生化指标见表1-1。

表1-1 奶牛血液生理生化指标

指标	范围	指标	范围
红细胞（万个/立方毫米）	597.5±86.8	血清钾（毫克/100毫升）	16～27.1
白细胞（个/立方毫米）	9 411.8±2 130.6	血清钠（毫克/100毫升）	338.1～373.98
血红蛋白（克/100毫升）	9～14	血清钙（毫克/100毫升）	9.71～12.14
血小板（万个/立方毫米）	26.1±5.3	血清磷（毫克/100毫升）	3.2～8.4
嗜酸性粒细胞（个/立方毫米）	700	血清镁（毫克/100毫升）	4.2～4.6
血糖（毫克/100毫升）	60～90	血液非蛋白氮（毫克/100毫升）	30～65

1.3 行为观察

奶牛是一种昼行动物，主要在白天进行采食、饮水、社交、梳理被毛、休息、反刍、泌乳；在夜间主要进行休息、反刍。日常生活还受昼夜时间变化、气候、饲喂和挤奶等因素影响而变化。

1.3.1 采食

奶牛摄食依靠灵巧的舌头，将草料卷入口内，在舌的搅拌下咀嚼5～6次再咽下。舍饲奶牛采食通常为4～6小时，全天采食次数为6～12次，每次20～30分钟。采食主要在日出和日落前后（图1-4）。在夏季高温期，舍饲牛的饲料投喂主要安排在日出和日落前后，保证牛更多采食。吃饱的奶牛，瘤胃内充盈度高，牛体左肷部基本看不见瘤胃隐窝；如果瘤胃隐窝非常明显，就是奶牛没有吃饱的信号。

图1-4 奶牛采食

奶牛是复胃（瘤胃、网胃、瓣胃和皱胃）草食类动物，采食时速度很快，经常不经过仔细的咀嚼就会吞下，等到卧息时再进行反刍咀嚼。因此在饲喂奶牛草料时，应注意清除铁钉、铁丝等金属异物，避免奶牛吞食后造成瘤胃、网胃创伤，甚至造成创伤性心包炎；同时也要清除饲料中的尼龙绳以及塑料等杂物，以免影响奶牛消化。当大群饲养奶牛且食槽空间不够时，奶牛同时采食就会产生竞争性采食，占优势的牛比社会地位低的牛采食时间更长。提供足够的食槽、适宜的饲槽空间（0.4 ~ 0.5米/头）、使用颈枷饲喂等措施，可以减少竞争性采食行为。此外，为消除奶牛在食槽的争斗，所有的牛都应该去角，减少因相互争斗而造成生产损失。

奶牛精神不振、采食无兴趣，不反刍或反刍次数少，一般是健康出了问题的信号。奶牛挑食，可能是全混合日粮（TMR）混合不均匀、粗饲料的切割长度过长的信号；奶牛有异嗜行为，如食粪尿、胶皮、木块、砖瓦等，是TMR日粮搭配不当，日粮中缺乏钙、磷、微量元素和维生素的信号。如果奶牛大量唾液持续从口角流出，伴随咀嚼吞咽动作不断，并伴有哞哞的叫声，则是食道阻塞的信号。例如，未经切碎的块根、块茎类饲料直接用来饲喂奶牛，容易引起食道堵塞。因此在饲喂块根、块茎类饲料时，要切成片状或粉碎后饲喂，以免因块大引起食道堵塞。

1.3.2 饮水

奶牛是通过吸吮进行饮水，比较喜欢清洁的饮水，更喜欢从自由水面饮水。奶牛饮水时，鼻孔露出水面，用口将水拢住，把水吸入口内。奶牛饮水行为多发生在午前和傍晚，特别是在挤奶后和采食后是饮水的高峰期，很少在夜间或黎明时饮水。当奶牛饮水时，突然发生头抬起，左右甩动、颈伸直、目光凝聚、空嚼磨牙、口内流出大量唾液，食物从鼻口逆流而出，这可能是食道堵塞的行为表现。

饮水量取决于空气温度和产奶量。夏季气温高，饮水量较平时增加1.2～2倍。犊牛每天平均饮水为9升左右，后备牛为25升左右，泌乳牛90～150升，干奶牛40升左右。泌乳牛每生产1升奶，需要饮用4.0～4.5升的水。在自由饮水时，每天饮水次数为7～12次，每次饮用10～20升的水，时长约1分钟。

1.3.3 休息

奶牛的躺卧行为最重要，主要用于反刍、打盹和深度睡眠。只有保证奶牛的躺卧行为才能保证奶牛其他行为的正常。每天仅有5～10次深度睡眠，每次仅几分钟。牛打盹时可以同时站立和反刍。舍饲情况下，牛通常会选择较软的地面，如运动场、卧床，而不是较硬较滑的地面，如牛舍采食过道。

奶牛采食后正常休息时会采取舒适的躺卧姿势，一般是腹位卧下姿势，常见到左侧卧或右侧卧。正常躺卧行为：两前肢腕关节屈曲，压在胸下，后躯稍偏于一侧，一后肢弯曲压在腹下，另一后肢屈曲位于侧方。每次躺卧需要15～20秒，站起动作5～6秒。奶牛休息时也会采取颈部屈向一侧，头朝肋部弯曲睡眠（这也是犊牛睡眠的姿势）。但是当奶牛患产后麻痹或酮病时，也出现这样的姿势。因此应注意综合分析区别正常休息和异常的姿势。奶牛躺卧时的不同休息姿势见图1-5。

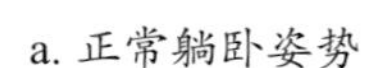

a. 正常躺卧姿势　b. 头部置于地面上　c. 头部靠于身体上　d. 平躺于一侧

图1-5　躺卧时的不同休息姿势

此外，通过卧姿行为，也可以发现奶牛健康状况是否出现问题。如卧姿发生改变，或卧下不愿起立，则是奶牛运动器官患病或是出现了比较严重的全身性疾病的信号。如形似狗的躺卧姿势（犬坐），一般前肢活动正常，但后躯拖地或两后肢向两边叉开，在排除卧床尺寸与奶牛尺寸不匹配的原因后，则多数是脊髓受损而发生截瘫的信号，有时也可能是双侧性髋关节脱臼或股骨骨折的信号；如果奶牛卧地不起，则应考虑纤维性骨炎继发骨折与脱位；两后肢向后伸直，腹部着地躺卧，则是股神经麻痹的信号；奶牛产后卧地不起，颈部屈曲，头向一侧歪斜，紧贴于肩部或胸侧，是产后瘫痪的信号。

牛一生有一半的时间在躺卧，一年中奶牛要站立、躺卧5 000 ~ 7 000次。犊牛每天需要躺卧30 ~ 40次，合计16 ~ 18小时，躺卧时间会随年龄增长而减少。成年母牛正常情况下每天要躺卧15 ~ 20次，10 ~ 14小时，每增加1小时的躺卧时间，奶牛的产奶量将会增加约1.7千克。

影响奶牛躺卧的因素较多。例如，头胎与经产牛混群饲喂；密度大、牛群竞争大；每天超过1小时的颈夹时间，尤其新产牛；围产期调圈过度频繁；跛行（在后1/3挤奶的奶牛跛行率比前1/3挤奶的高约12%）；卧床不舒适；饲料获取不及时；饮水槽太远；热应激；苍蝇、蚊子叮咬；牛只发情、疾病等原因。

1.3.4 反刍

反刍包括逆呕、再咀嚼、再混入唾液、再吞咽四个步骤。奶牛一般在采食后20 ~ 30分钟进行反刍。如果奶牛每天咀嚼6 ~ 8小时，每天能产生超过180升唾液。咀嚼时间越长，产生的唾液量也越多。长干草能最大量地刺激咀嚼、反刍和唾液分泌，饲喂大量的精补料和切细的粗饲料会降低反刍时间和唾液分泌量。

观察反刍是非常重要的，70% ~ 85%的反刍行为是在躺卧休息时发生的。正常情况下躺卧休息的奶牛中至少有50%以上的在反刍，每天5 ~ 8小时，15 ~ 20次。通常成母牛是卧于胸骨和右后肢或左后肢，头部抬起，四肢伸展或弯曲，以该姿势进行反刍较为常见。幼龄的牛通常很胆怯，轻微的扰乱就可以引起反刍停止。因此，应当保持环境安静，避免惊吓等外界因素的干扰。腹痛、外伤、发烧等，以及发情期、分娩前后反刍减弱。停止反刍时间越长，功能恢复越困难。

反刍异常是奶牛患病最直接的信号。牛群中站立反刍的奶牛如果超过30%，则表示舒适度管理不到位；如果奶牛每次反刍时咀嚼次数少于40次，且咀嚼无力，则是奶牛前胃弛缓的信号；奶牛不反刍，多是前胃弛缓、瘤胃积食、瘤胃臌气、创伤性网胃炎等疾病的信号。例如，如果牛体左侧肷窝长时间未见起伏或起伏的幅度很小，说明瘤胃蠕动差，是前胃弛缓等疾病的信号。

1.3.5 运动

奶牛最常见的运动为行走、小跑和奔跑。此外还会表现其他行为，如腾跃、喷鼻、哞叫、摇头、甩尾、用前肢抓扒和伸展头颈、拱腰等。有条件的牧场可以建设运动场或在周围修建牧道，进行驱赶运动，增加奶牛的运动量，以增强抗病力，减少肢蹄疾病，延长使用年限。

个别奶牛在分娩后，会出现异常的运动姿势，例如，头颈向一侧歪斜，呈一侧性转圈运动，并不断大声哞叫，前肢刨地，向前冲撞，以致卧地不起，出现轻瘫，这是产后偏狂症状。个别奶牛在第三胃阻塞、第四胃炎症或积食、肠炎或肠痉挛时，由于腹痛出现后肢踢腹，起卧不安、翻滚、四肢交替不停地踏步，并发出呻吟。奶牛盲目运动，意识紊乱，不听使唤，是脑炎及脑膜炎的信号；经常做无意识的定向转圈运动，则是患脑包虫病的信号。

1.3.6 排泄

奶牛多采用站立姿势排泄：尾根升起，尾巴成拱形地举离身体，后肢稍往前并分开，脊背拱起。母牛在运动中不能排尿，躺卧时也很少看到排尿。牛典型的排尿姿势很像排粪，只是脊背拱起更为显著。成年奶牛一昼夜排粪12～18次，排粪量为30～40千克，可占日采食量的70%左右；一昼夜的排尿次数在5～9次，排尿量为10～22千克，占全天饮水量的30%左右。

观察排泄行为，可以尽早发现奶牛健康状况并及时采取相应的技术措施。如排粪不能自主控制、失禁，多是严重下痢、腰荐部脊椎损伤或脑炎等疾病的信号；排粪时奶牛痛苦不安、弓背呻吟，但无粪便排出或仅有少量粪便排出，是奶牛创伤性网胃炎、肠炎、瘤胃积食、肠便秘、肠变位和某些神经系统疾病的信号；粪便表面呈鲜红色或黑褐色，是消化道出血的信号。如排粪次数增多、粪便稀薄如水称为腹泻，是TMR日粮精粗饲料比例和饲料蛋白质含量不合理的信号，也可能是奶牛肠炎、结核和副结核病的信号，观察粪便污染主要在牛体臀部和尾巴；粪便稀软呈粥样，无光泽，落地后四溅，可能是高产奶牛饲喂过量青绿多汁饲料的结果；排粪量少，粪便干硬成块，或表面附有黏液称为便秘，多是运动不足、饮水不足、前胃疾病、肠阻塞、肠变位、热性病及某些神经系统疾病的信号。例如，当奶牛患前胃弛缓等疾病时，胃肠功能弱，大便干燥，奶牛排尿困难，将尾巴高举起，用力排便，粪便在肛门内迟迟不能排出。

奶牛尿液颜色变黄、变红、变浑浊都是患病的信号；若尿液有氨味、烂苹果味，且颜色较深，则是膀胱炎和酮病的信号；尿液混浊不透明，可能是奶牛患有尿道炎、膀胱炎、肾盂肾炎的信号；尿呈褐色，多是热性病的信号；奶牛血尿，多是焦虫病的信号。当奶牛患尿道炎时，往往出现零星的小尿液排出，这是由于奶牛排尿疼痛而造成的。

1.3.7　舔舐（梳理被毛）

成母牛每天梳理被毛次数为10～100次，其中大部分时间均为自行舔舐，每天2～3小时。母牛分娩犊牛后，会舔舐犊牛，主要集中在头部、肩部和背部，舔舐行为会促进犊牛血液循环，并刺激犊牛排便和排尿。当牛皮肤内生寄生虫（如螨、虱和癣病）、发生冲突（或遭受挫折）、转入新环境（隔离）时，牛梳理被毛行为增多。应特别关注，并迅速有效地给予治疗或采取措施。

1.3.8　性活动

6～12月龄性成熟。性成熟之前，牛很少表现出性活动。在规模化饲养条件下，大型奶牛品种的青年公牛和育成牛体重达到约300千克时才表现出性活动。

要注意观察发情行为，把下颌搭在另一头牛的臀部是一种表现出爬跨意图的姿势，是一种明显的发情信号。发情母牛行为特征：焦虑不安、声音变化、采食量下降和爬跨。母牛发情时，消化、代谢减弱，性兴奋增强，哞叫声比平常多，哞叫由高昂到低沉。爬跨其他母牛，阴户流出透明黏液。发情后期站立不动，接受其他牛爬跨。当将手放在母牛背侧臀腰部时，母牛会沉下背部同时提起尾部和腰区。

如图1–6所示，若被爬跨的奶牛处于静立状态，说明被爬跨的奶牛处于发情期；若被爬跨的奶牛走开，说明爬跨的那头牛很可能是发情的。60%的母牛发情出现在夜间。青年母牛发情持续期为4～25小时，经产母牛发情持续期为25～28小时。

图1–6　发情行为观察

隐性发情（不发情的排卵）是母

牛常见的异常性行为，而且多见于高产奶牛。克服隐性发情配种难的问题，主要是详细观察，加强直肠检查，适时输精。“慕雄狂”也是母牛的异常性行为，母牛出现性机能亢进现象，表现持续发情或频繁发情，愿意接近公牛或频繁地追寻发情的母牛，并频频企图爬跨，这种牛目露凶光，攻击人畜，可能是卵巢囊肿所致。

1.3.9　分娩

产犊奶牛乳房膨大，通常会出现乳房肿胀，阴户肿胀且松弛（图1-7）。一旦子宫阔韧带完全松弛，奶牛通常在24小时内产犊。产犊前的最后24小时内体温下降0.5～1℃，是奶牛临近分娩的重要信号。

图1-7　奶牛临近分娩

分娩行为分为前产、娩出和产后3个时期。前产期：分娩前24小时出现分娩预兆，表现不安、摄食少、经常改变体位、性情烦躁，以至出现疝痛症状。娩出期：起卧交替进行、腹痛明显，腹部收缩、频频努责后，母牛多行侧卧，尿囊绒毛膜破裂，草黄色尿水流出，接着羊膜露出外阴部，羊膜破裂羊水流出，胎儿随之娩出。产后期：母牛分娩后1～6小时将胎膜娩出，12小时仍不能娩出胎膜，可行手术剥离。

奶牛分娩大多在环境安静的夜间，上半夜分娩较多，其次为下半夜，少数在中午分娩。犊牛出生后，两耳下垂，半小时后两耳竖立，活动自如。大约1小时后，犊牛能自行站立，生后2小时犊牛起卧站立自如。初生犊牛通常将头抬起，借助摇摆头部和喷鼻的动作，来清理自己鼻腔黏液。

1.3.10　泌乳

奶牛的身体是一个准确的生物钟，按一定时间泌乳、排乳。所以正确地组织挤乳，能刺激催产素的形成，把乳充分挤尽，同时可缩短挤乳时间，提高生产效率。奶牛泌乳反射（图1-8）释放催产素，效果最明显的刺激是触摸乳房（如擦拭乳房、挤奶和乳头药浴）。在泌乳反射过程中，从吮吸刺激产生神经冲动到最终出奶大约需要60秒，在此期间不同阶段所需时间也从0.1～30秒不等（表1-2）。

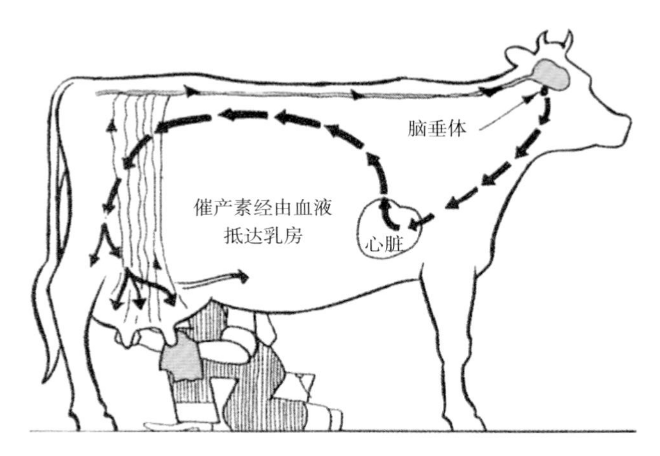

图1-8 奶牛泌乳反射

表1-2 奶牛泌乳反射过程及所需时间

泌乳反射	时间（秒）
吮吸刺激（或模拟刺激）乳房神经末梢产生神经冲动，神经兴奋经由脊神经中枢传导至下丘脑	0.1
下丘脑分泌催产素并经由神经垂体释放	1～2
催产素后经由血液循环被运送至乳腺毛细血管系统	19～20
催产素作用于乳腺腺泡促进肌上皮细胞收缩	6
腺泡内原奶被挤压出经由乳腺导管到达乳池开始出奶	20～30
全部时间	大约60

健康奶牛的产奶量是相对比较平稳的，个体每日产奶量上下浮动一般不会超过0.5千克。如果奶牛的产奶量突然变化，则是日粮供应、管理出现问题或发生疾病的信号。酮病和乳腺炎是影响奶牛产奶量最常见、最严重的疾病，应及时关注产奶量发生异常变化的牛只进行诊断治疗。

1.3.11 行为时间

奶牛行为每天时间分配见表1-3。

表1–3　奶牛行为每日时间分配

奶牛行为	每日时间分配（小时）
采食、饮水	4 ~ 6
躺卧/休息	成年牛10 ~ 14，犊牛16 ~ 18
反刍	5 ~ 8
社交行为	2 ~ 3
挤奶	2.5 ~ 3.5

1.3.12　不良行为

不良行为出现频率和次数可表明动物适应其周围环境某些方面的能力。出现频率较高可能表明环境发生了问题，奶牛难以适应。当奶牛的日粮搭配不当，缺乏钙、磷和维生素时，奶牛常发生异食行为，如食粪尿、垫草、胶皮、木块、运动场上的污水等。这种情况在干奶牛、泌乳牛、青年牛中都可发生，长期如此，易出现味觉异常，引起消化道疾病。牛常见的异常行为及可能原因见表1–4。

表1–4　牛常见的异常行为

不良行为	可能原因
犊牛吮吸其他犊牛或设备部件	因吮吸需求无法得到满足引发的，多见于采用奶桶喂奶的单饲或群饲犊牛
饮尿：直接从其他牛阴茎处饮尿	主要见于群养栏内饲喂日粮纤维含量较低的青年公牛
啃咬设备（饲槽）：牛会长时间啃咬设备，例如饲槽边缘	多见于缺乏饲料或缺乏纤维饲料的青年牛和母牛，此外也可因缺乏刺激而引发
过度舔舐：指牛长时间舔舐其他牛或物体	多见于缺乏社会接触、无聊以及缺乏粗饲料的犊牛和青年牛
假反刍：牛仅是口部做出反刍动作，但口中并没有食团	饲料纤维含量较低
犬坐姿势：牛呈犬坐样，前肢外伸	牛站起或躺卧过程中空间不足
马样站立：牛首先伸展前肢，然后再提起后躯	牛前侧空间不足

（续表）

不良行为	可能原因
卷舌：牛做出卷舌动作。舌位于口内或口外（口通常张开）	多见于低粗饲料饲喂的犊牛、青年牛和母牛，尤其是饲喂低纤维含量的日粮时
倚靠：牛将前额或鼻长时间倚靠在另一头牛或设备上	很可能是遭受挫折或存在疼痛的一种表现。多见于青年牛和成母牛
前肢站于牛床内而后肢站于过道内	卧床太小或颈部挡杆安装不当
成母牛吮吸其他牛	多见于娟姗牛，原因尚不明确

1.3.13 应激行为

应激行为是评价动物福利的一个潜在指标。奶牛常见的应激行为包括：产奶量下降、哞叫、踩脚、咬尾、转头、自我摧残等。在规模饲养的条件下，仍有不少应激源，比如去角和断尾，不仅使奶牛感到惊恐和害怕，有的还使它们遭受痛苦。将母牛和刚出生的犊牛分离会产生诸多反应，如哞叫声和活动增多，这表明分离母牛和犊牛会引发应激。母牛和新生犊牛在一起的时间越长，分离后的反应越剧烈。产奶量短期内的变化也可作为评估奶牛应激的指标，比如将奶牛转移到新环境会减少催产素的分泌，从而抑制了牛乳的排出，最终导致产奶量下降。此外，日粮的调整、转群、免疫等日常管理，变质冷冻的饲料、高热高寒或气温骤变、噪声等环境因素，也会造成产奶量下降。

1.3.14 健康状况观察

日常要注意观察牛只健康状况，尤其是牛的鼻镜、口腔黏膜、眼结膜、肢蹄等关键部位。牛只健康状况与非健康状况症状及信号见表1-5。

表1-5 牛只健康状况与非健康状况症状及信号

部位	健康状况	非健康状况	非健康症状的信号
耳朵	两耳扇动自然灵活，时时摇动，用手触摸耳根感觉温暖	头低耳垂，耳不摇动，耳根冷或热	患病症状

（续表）

部位	健康状况	非健康状况	非健康症状的信号
鼻子	鼻镜湿润、有汗珠且分布均匀	鼻镜干燥，甚至龟裂起壳、裂纹	牛感冒或呼吸系统有炎症的信号
口腔	口腔黏膜呈粉红色，有光泽；舌色红润，伸缩自如，舌苔薄白，唾液量适中。口腔无异味	口腔黏膜淡白、潮红，口内干涩，舌运动不灵活，舌苔厚而粗糙无光且呈黄色、白色、褐色，有恶臭味	① 口腔黏膜发红，多是热性病的信号，如急性传染病、胃肠炎等；口腔黏膜青紫，多是急性呼吸衰竭、机体缺氧的信号，多见于气道阻塞、中毒，肠梗阻、肠变位、胆结石等；黏膜淡白，则是各种贫血、慢性营养不良、消化道寄生虫病、外伤导致的大失血或内脏破裂等信号。 ② 口腔黏膜肿胀、潮红、溃烂，露出鲜红色的肉芽，并有脓液，则是奶牛放线菌病的信号。 ③ 口腔流涎，牛舌因组织增生而肿大变硬，活动僵硬如木头，是奶牛“木舌病”的一般临床信号。 ④ 舌及口腔黏膜有较硬的结节，舌体肿大，舌色暗红，唾液中带有血丝，口色青紫，是奶牛炭疽病的重要信号。 ⑤ 口腔唾液分泌量增大，则可能是口、舌、咽有创伤性炎症或口炎、咽炎、某些中毒性疾病的信号。 ⑥ 检查奶牛舌苔时，如发现舌苔较厚，是热性病和胃肠病的信号；舌苔黄腻、较厚，是病情较重或病程较长的信号；舌苔薄白，则是奶牛病情较轻或患病时间较短的信号。 ⑦ 口腔有臭味等异味，是有口炎或胃肠道疾病、代谢性疾病的信号，如病牛口腔内散发出一种轻微的、带有芳香而甜腻的醋酮味，是奶牛酮病的先兆信号；如果气味逐渐加重，从口腔内能嗅到一种类似烂苹果的气味，则是奶牛酮病严重的信号
眼睛	双眼明亮，不流泪，眼皮不肿胀，眼角无分泌物，结膜呈淡红色，眼窝无脱水下陷表现	双眼混浊，部分流眼泪，眼角有分泌物，眼结膜苍白、潮红、发绀、黄染	① 眼结膜苍白，多是慢性消耗性疾病的信号，如牛结核病、焦虫病、慢性消化不良、贫血等。 ② 单眼结膜潮红，多是牛结膜炎的临床表现信号。 ③ 眼结膜呈弥漫性潮红，多是发热性疾病的提示信号，如常见的牛传染性胸膜肺炎、胃肠炎等。 ④ 眼结膜呈树枝状充血潮红，则是心功能不全的信号。 ⑤ 眼结膜发绀，常常是牛循环和呼吸障碍的表现信号，如牛肺疫、心肌炎、心脏衰竭、亚硝酸盐中毒等，有时也是瘤胃积食的信号。 ⑥ 眼结膜黄染，提示牛肝胆疾病、胆道阻塞及血液病。 ⑦ 眼窝下陷是牛脱水的信号，眼窝凹陷的程度不同，提示脱水的严重程度不同，下陷越明显，脱水越严重

（续表）

部位	健康状况	非健康状况	非健康症状的信号
毛色	毛色黑白分明，背毛光泽柔顺	被毛不光滑、有奓（zhà）毛现象	如被毛逆立不柔顺、粗糙无光、色红或黄，可能是奶牛缺乏营养物质，矿物质如铜、维生素如维生素A等
四肢	采食后四肢收于腹下而卧，起立时先收起后肢	跛行、行走弓背	① 奶牛行走时跛行，步态蹒跚，站立或行走弓背，有1只蹄或多只蹄不敢踏地或拒绝落地，不敢或不能承重，这是奶牛患有腐蹄病、蹄叶炎、蹄底溃疡等肢蹄病的典型信号；奶牛跛足有时也可能是环境不良、牛舍面积小而牛群过度拥挤碰伤造成的。 ② 产后母牛如果卧地不起，勉强站起后行走时四肢颤抖，身躯摇摆，步履蹒跚，甚至共济失调，往往是奶牛产后瘫痪的先兆信号。 ③ 奶牛前肢肘头外展，以减轻对胸部的压迫，缓解疼痛，体躯常保持前高后低的状态，则是奶牛患创伤性心包炎的信号。 ④ 拱背，是奶牛患创伤性网胃炎、子宫及阴道疾病的信号。 ⑤ 步样强拘，是创伤性腹膜炎以及腹膜与胃肠大面积粘连的信号。 ⑥ 奶牛表现不安，经常回顾腹部或后肢踢腹，则是腹痛的信号，常见于肠套叠、子宫扭转等。 ⑦ 奶牛鼻孔开张，头颈强直，腹部紧缩，背部僵硬，步态强直如木马，则是患破伤风的信号

1.4 社交空间与等级

1.4.1 社交空间

牛在保证物理空间（躺卧、站立、伸展）的同时，还会与其他个体保持社交空间。通常通过头与头的距离确定最小冲突距离，如果最小距离受到侵犯，就会引发攻击、逃避（回避）行为。

最小冲突距离：牛是通过感觉器官（眼、耳、鼻）和身体接触来定位自身，因此其个体最小冲突距离仅限于头部周围的圆形区域（图1-9）。

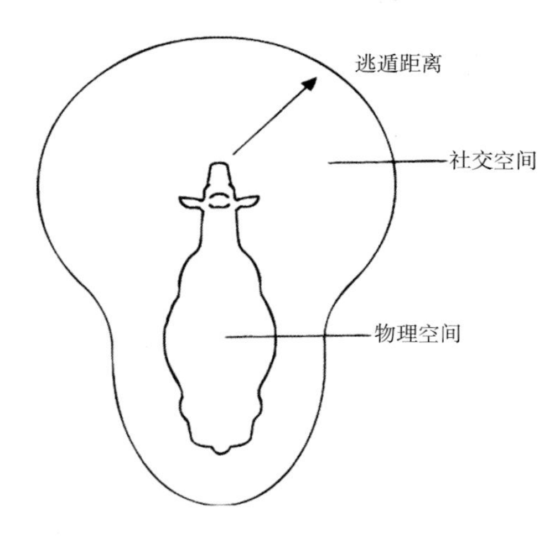

图1-9　最小冲突距离

1.4.2　社会行为

牛是一种具有高度发达社会行为的社会性动物，牛的社会行为主要分为攻击行为和非攻击行为。

1.4.2.1　攻击行为

攻击性牛：会降低头部，回缩鼻唇镜，从而使前额（以及牛角）朝向前方，颈部及背部肌肉紧张。头部放得越低，越具攻击性，通过猛撞或用头顶着对方来强调攻击性。攻击性行为主要表现头对头争斗（图1-10）、从侧面用前额冲撞（图1-11）和相互威胁试探（图1-12）。

图1-10　头对头争斗

臣服的牛：会放低头部，向前伸出鼻唇镜并向后缩耳，这一态度表明处于等级较低地位的牛认识到了其他牛的等级；还可通过将头从面向对方转向一侧，或者通过开始吃草来强调臣服的态度。

图1-11 从侧面用前额冲撞

图1-12 相互威胁试探

1.4.2.2 非攻击行为

非攻击行为主要表现为舔舐对方皮毛（图1-13）、闻嗅、发情爬跨等行为。通常等级排序相近的牛相互舔舐要多于等级排序相差较大的牛。相互舔舐理毛可缩短最小距离，而且这种接触不会引发攻击行为。

图1-13 舔舐对方皮毛

1.4.3 社会等级与排序

在任何一个牛群中，均存在社会等级，等级顺序决定资源分配，尤其是与优先采食权相关。通常年老或体型较大的成母牛级别较高，体型、年龄较小的牛或新转入的头胎母牛级别较低。在正常情况下，一旦建立等级，头牛只需做出威胁性动作即可对其他牛产生威慑。因此如果资源有限，等级低的这些牛的境况最差。

当在食物充足、空间宽裕的环境下，表现为线性次序。

即：A→B→C→D→E→F→G。

当资源在竞争环境下，表现为复杂次序。

即：A→B→C→D→E→G→H→I→J。（I→E；E→F；J→F）

奶牛间经常的竞争和打斗能够提高或巩固自己的地位。争斗尤其发生在地位相近的奶牛间。当牛群中引进新牛时，会发生地位竞争，且通常在一天内确定下来。高等级奶牛通过摆动头部，使低等级奶牛做出避让举动来达到目的。为了保持牛群中稳定的社会关系，足够的空间是十分必要的，这样奶牛就可以相互避让，轻而易举地显示出自己的优势或臣服。当奶牛竞争现象明显时，要格外关注，找出饲养管理、牛舍及运动场等设施或设计的问题，采取相应的措施加以改进。例如，当青年牛转入成母牛舍后，往往受到其他牛的攻击、顶撞，易造成流产。所以在转群时应给青年母牛找一个合适的位置，使青年母牛能够顺利分娩。舍饲奶牛应根据年龄、体况、泌乳期、产奶量等组群，组群后不宜经常调群，避免奶牛产生调群应激。

综上所述，奶牛行为会表达其感情和动机，也会显示其健康状态与福利状况，是检验福利条件的最直接证据，为改善牧场的福利条件提供重要参考依据。作为牧场的经营管理者，要“以牛为本”，要了解奶牛习性，学会观察，善待奶牛，尊重其自由天性，维护好奶牛与人的关系。牧场要为奶牛提供其能够充分表达天性的自由和福利享受，例如足够的生存空间、优越的设施以及与同类伙伴在一起活动的机会等，使奶牛能够自由表达社交行为、性行为、泌乳行为、分娩行为等习性。饲养员和兽医师应该经常接近奶牛，在日常工作时，不应打牛、恐吓牛或让牛受到过大的应激，与奶牛拉近距离，达到人牛和谐的关系，为其提供适宜的生存环境，如舒适的卧床，安全营养的日粮，良好的挤奶设施条件等。热爱养牛事业的人，只有真正做到“以牛为本”，奶牛就会保持健康的体况，产出更多优质的生乳，回馈于人类。

2　良种繁育技术及应用

良种繁育是通过有效的选择和繁殖技术使遗传素质优秀的个体大量繁殖后代，提高优秀高产基因在群体的频率，最终提高牛群的遗传素质和生产水平。牧场管理人员要扎实做好牛群档案及良种登记、选种选配和妊娠诊断等育种基础工作，采用先进的育种和繁殖技术选育（培育）出遗传素质高的优秀后代，最终达到改善牛群遗传素质，提高群体生产水平的目的。

2.1　牛群档案

2.1.1　牛只建档

牛只个体信息是选种选配、改良牛群的重要依据，可借助数字化、智能化管理系统和装备设施采集、记录、存储个体信息，实现信息化管理。

奶牛档案信息应从犊牛出生开始建立，档案信息包括系谱、生长发育、配种、产犊、产奶等记录；有条件的牧场，还应记录体尺体重、体况评分、体型线性鉴定记录。奶牛档案可采用个体资料卡存档保存，同时可利用专业的牧场信息管理软件（如图2-1所示，功能主要包括牛群管理、繁殖管理、产奶管理、日粮配方、智能预警等）为智能化牧场管理提供数据支持。

2.1.2　牛只编号

牛只编号属于牛只个体识别的代码，牛只编号应当做到每头牛的编号都是唯一的。

图2-1　牧场管理信息系统

牛只编号由12个字符组成，一共分为4个部分，如图2-2所示。

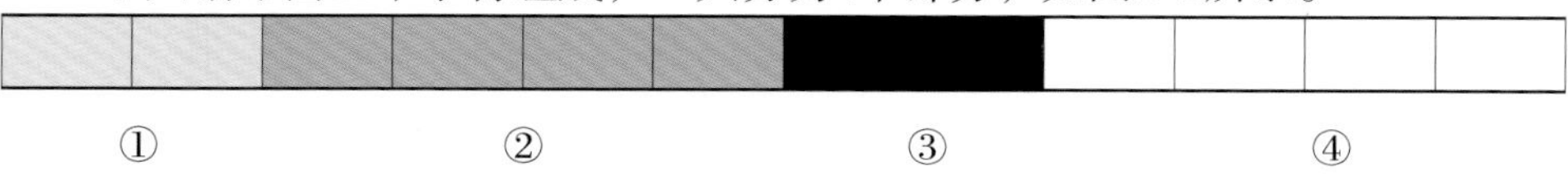

图2-2　牛只编号规则

① 为全国各省（区、市）编号，是按照国家行政区划编码来确定的，由两位数字组成，第一位是国家行政区划的大区号，其编号见表2-1。

② 为牛场编号，占4个字符，由数字或数字和字母混合组成。该编号由各省（区、市）自行编订后报送中国奶业协会备案，也可由中国奶业协会奶牛数据处理中心协助编订。该编号可向当地畜牧管理部门查询。

③ 为牛只出生年度的后两位数，如2022年出生即为“22”。

④ 为场内牛只出生的顺序号，由4位数字组成，不足4位数以0补足。可满足单个牛场每年出生9 999头牛的需要，该部分由牛场自己编订。

12位编号只在牛只档案或系谱上使用，此编号规则主要用于荷斯坦奶牛。

为便于牛场对牛只的日常管理，只需使用最后6位作为牛只耳标编号，牛只的编号应写在塑料耳牌上，佩戴于牛只左耳上。

表2-1　省、自治区、直辖市编号

省（区、市）	编号	省（区、市）	编号	省（区、市）	编号
北京	11	安徽	34	贵州	52
天津	12	福建	35	云南	53
河北	13	江西	36	西藏	54
山西	14	山东	37	重庆	55
内蒙古	15	河南	41	陕西	61
辽宁	21	湖北	42	甘肃	62
吉林	22	湖南	43	青海	63
黑龙江	23	广东	44	宁夏	64
上海	31	广西	45	新疆	65
江苏	32	海南	46	台湾	71
浙江	33	四川	51		

2.1.3　冷烙号技术

实际生产中，找牛进行评分、调群、配种、治疗等，是牧场技术人员最频繁的工作且工作量很大。可以利用冷烙号技术（利用液氮、烙号器等）对牛只进行标识，作为管理牛号，更便于牛只日常管理。以色列大部分牧场应用这一技术进行牧场管理。

管理牛号可从阿拉伯数字1开始顺序排号，与耳标号一一对应。烙号方法：① 在泡沫箱中加入液氮；② 将烙号器放入液氮中20分钟（第1次使用）；③ 选牛只（6～12月龄）黑色毛片对烙号区剪毛，长方形，越短越好，清理干净，喷酒精；④ 取烙号器（图2-3）按压在烙号区，15～20千克压力，计时30～50秒（压力和时间根据季节和牛龄调整）（图2-4）；⑤ 烙号器放回液氮中，同一个号再次使用间隔2分钟；⑥ 凹痕肿胀2～3天，3～4周结痂松脱，6～8周后长出白色绒毛（图2-5）。

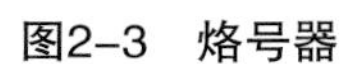

图2-3　烙号器

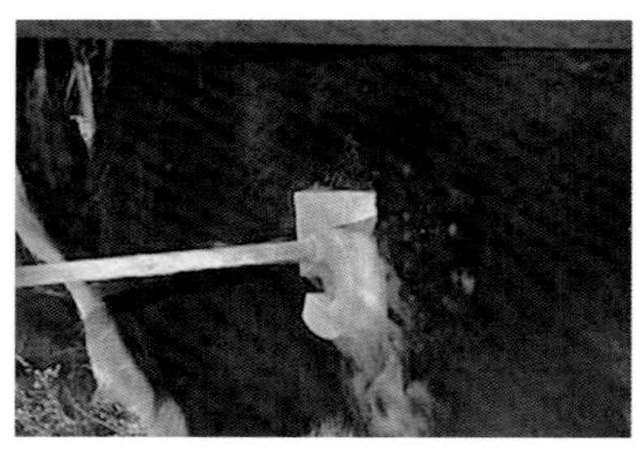

图2-4　牛体烙号

图2-5　烙号牛群

2.1.4　牛群结构

合理的牛群结构是牧场繁育管理水平的体现。理想的牛群结构见表2-2。

表2-2　理想的牛群结构

牛群（结构比例）	牛群	占牛群数量比例（%）
犊牛（13%）	0～2月龄哺乳犊牛	4.40
	3～6月龄断奶犊牛	8.60
后备牛（27%）	7～9月龄牛	4.50
	10～12月龄牛	4.50
	13～15月龄牛	4.50
	16～18月龄牛	4.50
	19～21月龄牛	4.50
	22～24月龄牛	4.50
成母牛（60%）	泌乳牛	48
	干奶牛	12

2.2 选种选配

2.2.1 品种选择

2.2.1.1 中国荷斯坦牛

中国荷斯坦牛是我国培育的第一个专用乳用型牛。目前我国饲养的奶牛80%以上为中国荷斯坦牛及其杂交牛。

外貌特征：贴身短毛，毛色呈黑白花，花片分明，额部多有白斑，腹底、四肢下部及尾梢多为白色；体格高大，结构匀称，肢势端正。

公牛：头短、宽而雄伟，额部有少量卷毛；前躯发达，雄性特征明显（图2-6a）。母牛：头清秀狭长，眼大突出；前躯较浅窄，背腰平直，肋骨开张弯曲，间隙宽大；腰角宽大，尻长、平、宽，尾细长；乳房大、附着良好，乳头大小适中，分布均匀，乳静脉粗大弯曲，乳井大而深（图2-6b）。

a. 公牛

b. 母牛

图2-6 中国荷斯坦牛

2.2.1.2 中国西门塔尔牛

中国西门塔尔牛为大型乳肉兼用型品种。

外貌特征：毛色为红（黄）白花，花片分布整齐，头部为白色或带眼圈，尾梢、四肢、肚腹为白色，角、蹄蜡黄色，鼻镜肉色。体躯宽深高大，结构匀称，体质结实。乳房发育良好，结构均匀紧凑（图2-7）。

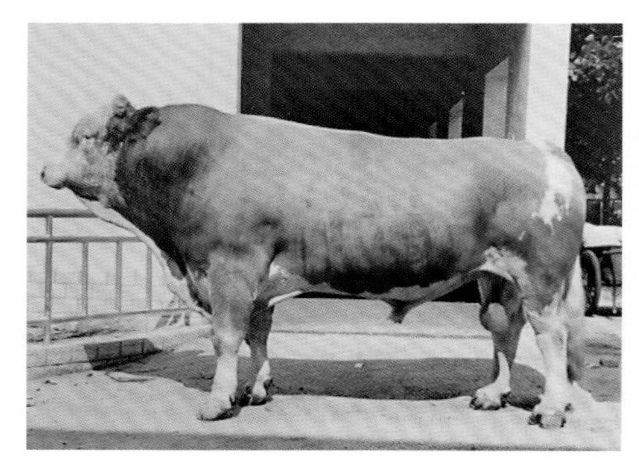
a. 公牛

b. 母牛

图2-7 中国西门塔尔牛

2.2.1.3 娟姗牛

娟姗牛是小型乳用品种。

外貌特征：被毛细短、有光泽，毛色以浅褐色为主，腹下及四肢内侧毛色较淡，嘴、眼周围有浅色毛环，鼻镜、尾帚黑色。体型紧凑、呈楔形，头小而轻，面部稍凹陷，眼距宽，耳大而薄。颈薄且细，背腰平直，后腰较前躯发达，四肢端正、较细，关节明显，蹄小。乳房发育匀称，乳头略小，乳静脉粗大而弯曲（图2-8）。

a. 公牛

b. 母牛

图2-8 娟姗牛

不同品种奶牛成年牛性能指标见表2-3。

表2-3 不同品种奶牛成年牛性能指标

品种	中国荷斯坦牛		中国西门塔尔牛		娟姗牛	
性别	母	公	母	公	母	公
体高（厘米）	135 ~ 155	150 ~ 175	125 ~ 140	142 ~ 150	113.5	—
体斜长（厘米）	165 ~ 175	190 ~ 210			约133	—
胸围（厘米）	185 ~ 200	220 ~ 235			约154	—
体重（千克）	550 ~ 750	900 ~ 1 200	550 ~ 800	1 000 ~ 1 300	340 ~ 450	650 ~ 750
年均单产（千克）	8 300		6 000		7 000	
乳脂率（%）	3.4 ~ 4.0		4		4.5 ~ 6.0	
乳蛋白率（%）	2.8 ~ 3.4				3.7 ~ 4.4	

2.2.2 公牛选择

2.2.2.1 公牛指标

（1）查阅每年的《中国乳用种公牛遗传评估概要》或中国畜牧兽医信息网（www.nahs.org.cn）查询全国畜禽遗传改良计划版块的遗传评估栏目发布的乳用种公牛遗传评估结果（报告），也可以到中国奶牛数据中心网站（www.holstein.org.cn）查询。国外种公牛遗传评估结果可到加拿大奶业数据网（www.cdn.ca）查询。

（2）根据遗传评定结果选择验证公牛CPI或根据基因组选择结果选择青年公牛GCPI。CPI（中国奶牛性能指数），包括CPI1和CPI3。① CPI1——适用于国内常规评估的种公牛，既有女儿生产性状，又有女儿体型鉴定结果的国内后裔测定验证公牛。生产性状包括乳脂量、乳蛋白量、体细胞评分；体型性状包括体型总分、泌乳系统评分和肢蹄评分。② CPI3——适用于从国外引进的有后裔测定成绩的验证公牛。指数包括乳脂量、乳蛋白量、体细胞评分、体型总分、泌乳系统评分和肢蹄评分6个性状。③ GCPI（中国奶牛基因组选择性能指数）——是对乳脂量、乳蛋白量、体细胞评分、体型总分、泌乳系统评分、肢蹄评分性状的合并基因组的估计育种值。公牛系谱由公牛站提供（图2-9）。

（3）公牛生产性能和体型遗传成绩要优于母牛，无遗传疾病且不是遗传疾病隐性携带者。

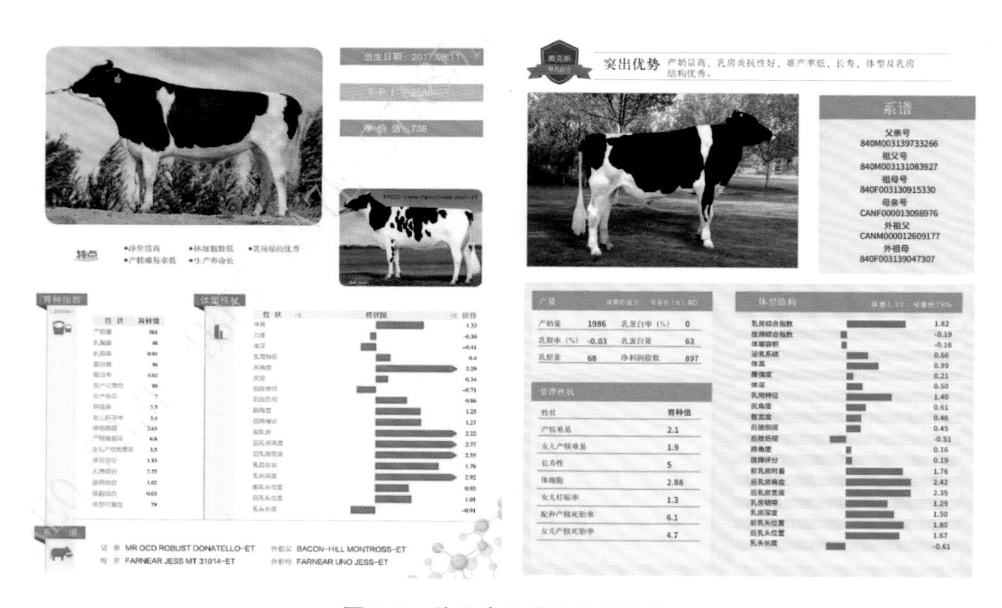

图2-9　种公牛系谱及性能性状

2.2.2.2　冷冻精液质量要求

细管冻精质量应符合表2-4所述的要求。

表2-4　细管冻精质量要求

项目	指标
外观	无裂痕，两端封口严密
剂量（毫升）	微型≥0.18；中型≥0.40

（续表）

项目	指标
每剂量冻精解冻后	
精子活力（%）	≥35（≥0.35）
前进运动精子数（万个/毫升）	≥800；性控≥200
精子畸形率（%）	≤18；性控≤15
细菌菌落数（个）	≤800

2.2.3 选配

2.2.3.1 一般要求

（1）根据育种目标，对奶牛的群体及个体进行生产性能和体型调查，为巩固优良特性、改进不良性状而进行选配。

（2）公牛的生产性能与体型等级应优于与配母牛等级。

（3）优秀公母牛采用同质选配，品质较差母牛采用异质选配。应避免相同缺陷或不同缺陷的交配组合。

（4）生产群选配后代近交系数一般控制在6.25%以下。

2.2.3.2 选配方法

（1）群体选配。牛群缺乏必要育种数据时，应根据群体表现，在避免近交情况下选定公牛用于配种。选择后代育种值较高、近交系数6%以下的种公牛冷冻精液作为备选，列出每头母牛的与配公牛号。

（2）个体选配。牛群信息记录完整，应根据个体表现选定公牛进行配种，宜利用计算机软件系统自动控制近交系数，预测后代性能。

（3）同质选配。应选择在品质表现等方面相似的优秀公、母牛进行选配。

（4）异质选配。应选择在品质表现具有不同特点的公、母牛进行选配。

（5）亲缘选配。应根据个体间的亲缘关系进行选配。

2.2.3.3 查看档案

（1）查看母牛生产性能和体型线性鉴定记录。明确牛场的改良目标和奶牛个体的改良重点。

（2）查看母牛系谱档案记录，包括父号、母号、出生日期、初生重等信息。根据公母牛不少于三代系谱信息，计算后代近交系数。

后代近交系数的计算公式为：$F_x=\sum\left[\left(\frac{1}{2}\right)^{n_1+n_2+1}\right]+F_A$

式中，F_x为选配产生后代的近交系数；F_A为共同祖先的近交系数；n_1、n_2分别为父亲和母亲到共同祖先的世代数。

（3）查看母牛繁殖情况记录，包括配种日期、与配公牛号、妊检结果和产犊难易性等。

（4）查清母牛个体优缺点，一一列出，并进行分类。

2.2.3.4 预测后代育种值

预测后代各性状育种值（包括母牛生产性能和体型性状）。

根据双亲进行预测：后代育种值=双亲育种值的平均数；

根据父亲和外祖父进行预测：后代育种值=$\frac{1}{2}$父亲育种值+$\frac{1}{4}$外祖父育种值。

2.2.3.5 注意事项

（1）巩固优良性状，改良不良性状。注意遗传多样性，将配种工作和全场的育种目标结合。

（2）一次选配，考虑改良的性状不多于3个。选种时注意没有完美的个体（种公牛），但有较完美的组合（几头公牛合用）。

（3）优秀公母牛采用同质选配，品质较差的母牛采用异质选配。避免相同或不同缺陷的选配组合。

2.2.4 体型线性鉴定

对泌乳天数在30～180天的健康母牛进行体型线性鉴定，参照《中国荷斯坦牛体型鉴定技术规程》（GB/T 3556）的要求执行。通过体型线性鉴定手持终端（图2-10，用于体型线性鉴定和体况评分），对符合线性鉴定的牛只进行评分（9分制），与种公牛信息进行比对后，结合种公牛后裔测定，选择适宜的冻精进行配种，为奶牛选种选配提供依据。荷斯坦奶牛理想体型见图2-11。

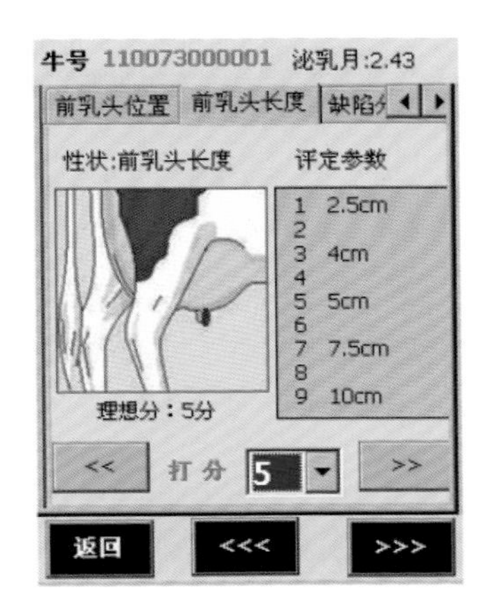

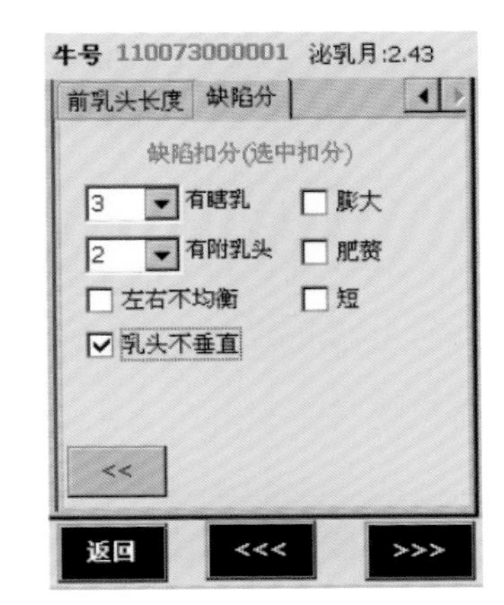

图2-10 奶牛体型鉴定系统（手持式终端设备及界面）

图2-11 荷斯坦奶牛理想体型

2.3 发情鉴定

2.3.1 生理周期

初情期：6～12月龄，首次发情或排卵（不规律），不能配种。对超过15月龄未见初情的育成母牛，应进行产科和生长发育检查。

性成熟：12～13月龄，生殖器官发育完全，生长发育尚未达标，不宜配种。

初配适龄期：13～16月龄，体重360～400千克，适宜配种。

妊娠天数：275～285天，平均280天。

繁殖衰退期：6胎以后，繁殖功能衰退、生产性能下降（淘汰），不再配种。

2.3.2 发情周期

正常的奶牛发情周期为18～23天，平均21天。通常中小规模牧场多采用自然发情配种的繁育方式；大规模集约化生产的牧场多采用同情发情技术进行配种繁育。

2.3.3 同期发情

同期发情是指人为利用某些激素制剂控制并调整一群母畜发情周期的进程，使其在预定时间内集中发情。利用同期发情技术可将牛群的发情、配种、妊娠、分娩调整到适宜时期内同时进行，可以集中规模搞好犊牛、育成牛的饲养管理。

奶牛同期发情技术日程方案之一如图2-12所示。健康牛只在第1天注射前列腺素（PG）1.0毫克，注射后，做好发情观察，发情牛做记录但不输精；第14天注射第2针PG 1.0毫克，做好发情观察，对发情牛只及时输精；未发情牛做好记录，第25天注射促性腺激素释放激素（GnRH）2毫升，第32天注射PG 1.0毫克，一般48小时后开始发情，此时注射GnRH 2毫升。12～16小时后输精。

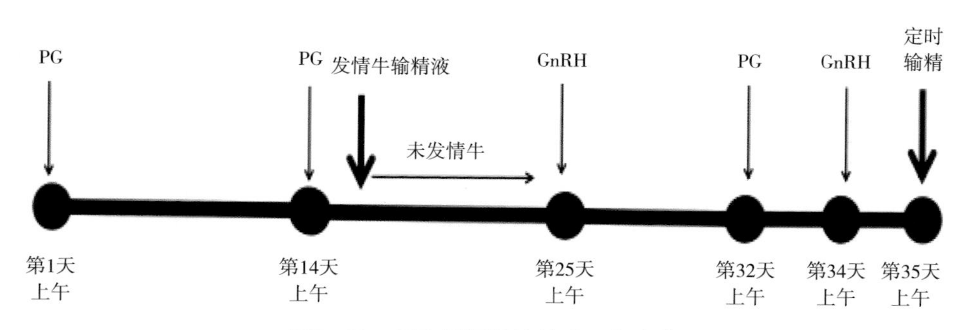

图2-12 奶牛同期发情技术日程方案

2.3.4 鉴定方法

2.3.4.1 自然观察法

每天观察次数不少于3次，主要观察母牛是否接受其他母牛爬跨、黏液量和黏液性状，必要时检查卵泡发育情况。推荐观察发情时间：6:00、12:00、19:00和23:00。

2.3.4.2　尾根标记法

对参配牛每天在尾根上用涂料做标记，涂蜡长度10 ~ 15厘米、宽度3 ~ 5厘米。发现尾根的颜料呈不规则分布时，观察被毛、外阴等部位。确认发情后，做好发情记录。

2.3.4.3　辅助发情监测

通过计步器等电子设备和计算机软件分析奶牛一天中的活动量及产奶量，从而确定奶牛是否发情。

2.3.5　发情评分

观察奶牛发情行为进行发情评分。发情评分见表2-5。24小时内累计得分在50 ~ 100分时，很可能发情。若累计得分超过100分，可以确定肯定发情。在确定奶牛发情12小时候后进行配种。

表2-5　发情评分

发情行为	得分（分）
阴道分泌物呈线状	3
躁动不安/争斗	5
被其他牛爬跨，不静立	10
嗅探和舔舐另一头牛的外阴	10
将下颌搭在另一头牛的臀部	15
爬跨其他牛	3
从前部爬跨其他奶牛	100
接受爬跨	100

资料来源：Van Eerdenburg，2003。

2.3.6　发情鉴定率

牛群发情鉴定率≥60%。高产牛群发情鉴定率≥65%。

2.4 配种

2.4.1 配种母牛要求

育成母牛13～15月龄、体重达360～400千克（达到成年体重的70%）、体高达127厘米以上、胸围达168厘米以上开始配种。由于头胎牛受胎率较高，可在配种时使用性控冻精配种。

成年母牛产后第1次配种时间应在50天以上，头胎牛在产后60天开始配种。配种前应进行产科检查，对患有生殖疾病的牛只不予同期发情处理及配种，应及时治疗。

2.4.2 细管冻精解冻

从液氮罐中取出，在空气中停留3～5秒，放入盛有35～37℃水的解冻杯（保温杯）中45秒，待细管内精液冰晶溶解之后，将细管取出。用长柄防滑镊子（长度30厘米）从液氮罐夹取冻精，5秒内未能取出，要重新放入液氮中，30秒后再取。每天更换解冻杯中的水；每周清洁解冻杯。从解冻至输精结束不要超过15分钟。尽量缩短解冻至输精之间的时间。

2.4.3 装枪

取出解冻的细管冻精，用灭菌纸将细管表面的水擦干。用细管剪在封口端、距末端1厘米处将细管的封口端剪断，断面要整齐，以防止断面偏斜而导致精液逆流。将细管精液装入输精器，并将输精器装入塑料硬外套管内，再套入软膜，准备输精。

2.4.4 输精时机

排卵和受精同步是把握输精时机的关键。牛一般在发情后28小时左右排卵。卵子的最佳受精能力只能保持6～8小时。精子在生殖道存活时间18～24小时。输精时机把握采用直肠检查法：手臂伸入直肠，触摸卵巢卵泡发育，在卵泡壁变薄且波动感明显的时候输精。

最佳输精时间应在站立发情（接受其他母牛爬跨且站立不动）8～12小时（普通冻精）后输精。性控精液输精建议比普通冻精配种时间晚6个小时为宜（站立发情后14～20小时）。性控冷冻精液解冻与输精时间见图2-13。

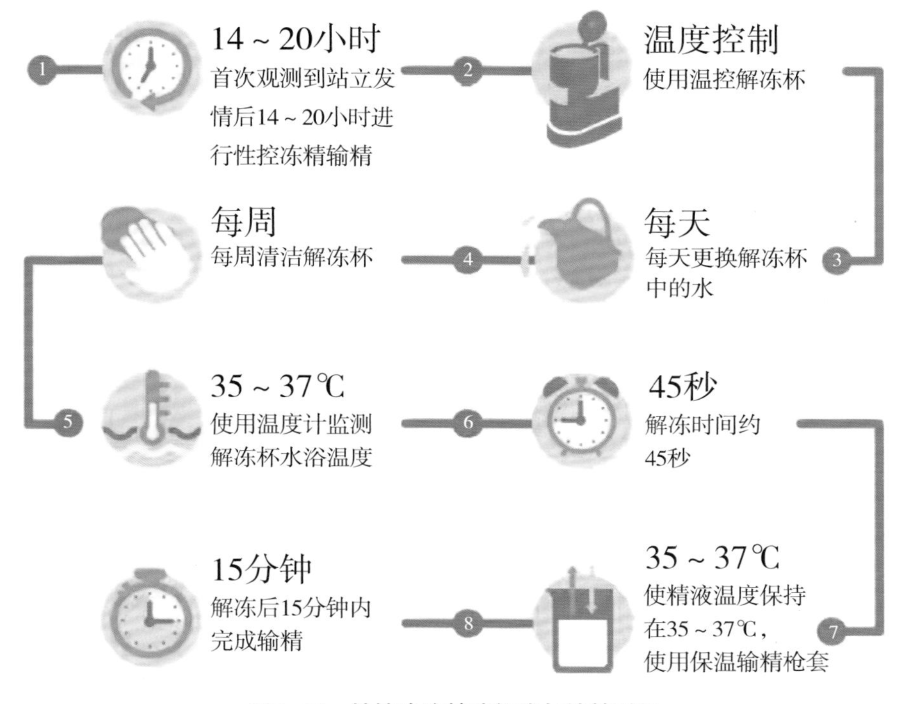

图2-13 性控冷冻精液解冻与输精时间

2.4.5 输精前准备

2.4.5.1 消毒准备

解冻用器皿及解冻液的消毒：解冻冻精用的器皿及温水必须先进行消毒（或高温高压灭菌等），且不得带有刺激性气味。解冻颗粒冻精必须用专用的解冻液及消毒试管。

输精枪、镊子（取冻精用）等金属器械消毒：一般应先用洗衣粉或洗涤剂刷洗，去掉油污并用清水刷净。采用高温高压灭菌30分钟或用75%酒精及火焰消毒法进行消毒，消毒完毕后放入消毒瓷盘并加盖，置于烘干箱内烤干备用。

外阴部位消毒：在配种前，将奶牛阴门，尾根等部位先用清水洗净，然后用0.1%高锰酸钾或0.2%新洁尔灭溶液进行消毒，最后用消毒的湿巾或卫生纸擦拭后方可配种。若输精时出现排粪现象，则应按上述程序重新消毒。

配种员在直肠检查前一定要注意剪短指甲，检查手臂无外伤，对手臂进行彻底严格的消毒。一般采取先用清水冲洗手臂，然后用0.1%高锰酸钾（或0.2%的新洁尔灭，2%来苏儿等）浸泡1～3分钟，再用0.9%的生理盐水冲洗，最后涂抹无刺激性的润滑剂（如医用凡士林）。

2.4.5.2 母牛子宫检查

人工授精人员将指甲剪短、磨光，手臂清洗消毒或戴上长臂手套，涂润滑剂，五指并拢成锥形，缓慢旋转着伸入直肠，排出宿粪。检查子宫颈、子宫体和子宫角发育，排除异常。

2.4.5.3 母牛卵巢检查

人工授精人员将手伸入直肠，沿子宫角大弯向下稍向外侧，触摸卵巢，检查卵巢及表面卵泡发育。卵巢变软，光滑，略有增大，母牛处于发情早期。一侧卵巢增大，卵泡直径在0.5～1.0厘米，母牛处于发情盛期。卵泡继续增大到1.0～1.5厘米，波动感明显，卵泡壁变薄。母牛处于发情末期。卵泡破裂排卵，卵泡液流失，卵泡壁松软、塌陷。触摸时有两层皮之感。

2.4.6 人工输精

2.4.6.1 输精方法

普通冻精通常采用直肠把握法进行人工输精。直肠把握法：① 输精人员用手轻柔触摸肛门，使肛门肌松弛。手臂缓缓进入直肠，掏出粪便。要避免空气进入直肠而引起直肠膨胀。② 用手指插入子宫颈的侧面，伸入宫颈下部，然后用食、中、拇指握住宫颈。输精器以35～45°角度向上进入分开的阴门前庭后，略向前下方进入阴道宫颈段。③ 在输精器接近子宫颈外口时，用把握子宫颈的手向阴道方向牵拉子宫颈，使之接近输精器前端，而不是用力将输精器推向子宫颈，要凭手指的感觉将输精器导入子宫颈。当输精器前端通过子宫颈不规则排列的皱褶时，要特别注意输精手法，可用改变输精器前进方向、回抽、摆动、滚动等操作技巧，使输精器前端通过子宫颈，绝不能以输精器硬戳的方法进入。④ 精液的注入部位是通过子宫颈最后皱襞1～2厘米的子宫体处或子宫体与子宫角的结合部。在确定注入部位无误后注入精液，输精结束后，缓慢抽出输精器。

性控冻精可采用排卵侧子宫角深部输精法输精。子宫角深部输精法：① 输精人员戴上长臂手套，一只手伸入直肠，把握子宫颈；另一只手持输精器斜向上插入阴门，再水平插入子宫颈外口，将输精器缓缓通过子宫颈内侧的皱褶。② 输精人员用手指触摸排卵侧子宫角，然后将输精器的前端缓慢通过子宫体，进入子宫角1～2厘米，到达输精位置。③ 输精人员用手指触摸子宫角内的输精器枪头，然后将输精器回抽约0.5厘米，缓缓注入精液，然后缓慢抽出输精器（图2-14）。

图2-14　人工输精操作

2.4.6.2　注意事项

在直肠检查和人工授精时，要注意输精人员和母牛的安全，动作要正确、轻缓。触摸卵泡时，忌损伤卵泡。人工输精全过程保证无污染操作。

2.4.7　输精次数

一个发情期输精1次，每次用1个剂量精液。平均情期配准耗精量（支）≤2.2。

2.4.8　配种指标

配种指标推荐值见表2-6。

表2-6　配种指标推荐值

繁殖指标	推荐值
常规冷冻精液情期受胎率（%）	青年牛≥65，成母牛≥40
常规冷冻精液产母犊率（%）	50
性控冷冻精液情期受胎率（%）	青年牛≥50，成母牛≥30
性控冷冻精液产母犊率（%）	≥90
成母牛平均始配天数（天）	50～90

2.5　妊娠诊断

母牛输精后进行2～3次妊娠诊断，分别在配后1～2月、停奶前进行。妊娠诊断采用试剂盒法、超声诊断法、直肠检查法、腹壁触诊法等。对妊娠母牛应加强饲养管理，做好保胎工作。21天妊娠率≥18%；高产牛群21天妊娠率≥23%，产后120天妊娠率≥65%；产后180天以上未妊牛只比率≤5%。

2.6　繁殖障碍牛的管理

对产后60天未发情的牛只、妊娠检查发现的未妊娠牛只，应查明原因，采取诱导发情等方式对症处理。对输精3次以上仍未妊娠的牛只，应进行产科检查，发现病症及时处理。对产后半年以上的未妊娠牛只应组织会诊。对早期胚胎死亡、流产、早产的牛只，应分析原因，必要时进行流行病学调查。对传染性流产应采取相应的卫生、防疫措施。

2.7　繁殖性能指标

奶牛理想的繁殖性能指标见表2-7。

表2-7　奶牛理想的繁殖性能指标

繁殖性能指标	理想水平	异常水平
初情期（荷斯坦牛）月龄	12	>15
第一次配种平均月龄	15	<14或>17
首次产犊平均月龄	24	<23或>30

（续表）

繁殖性能指标	理想水平	异常水平
产犊间隔（胎间距）（天）	380 ~ 400	>410
产犊后第1次发情平均天数	<40	>60
产犊后60天内第1次发情的牛（%）	>90	<90
配妊次数（次）	<1.7	>2.5
青年母牛首次配种受胎率（%）	≥70	<60
初产牛产后首次配种受胎率（%）	≥60	<50
成年母牛首次配种受胎率（%）	≥50	<40
情期平均受胎率（%）	≥60	<50
年总受胎率（%）	≥90	<80
平均空怀天数（天）	85 ~ 110	>140
空怀120天以上的母牛（%）	<10	>15
干乳期天数（天）	50 ~ 60	<45或>70
流产率（%）	<5	>10
成年母牛年繁殖率（%）	≥80	<70
因繁殖问题的母牛淘汰率（%）	<10	>10

注：情期受胎率=受胎母牛数/参配牛头数×100%，①一个情期内无论几次输精，参配牛头数只计一个；②受胎母牛数与参配牛头数在时间上要相互对应统一。

3 健康福利技术及应用

奶牛福利与奶牛健康、生产效益密切相关。本章重点介绍牛舍设施、饲料营养、挤奶管理和饲养保健等关键环节，通过奶牛福利条件的改善，保障牛群健康，提升生乳品质，提高养殖场整体效益。

3.1 福利评价

3.1.1 “5F”评价原则

① 让动物享有免受饥渴的自由；② 生活舒适的自由；③ 免受痛苦、伤害和疾病的自由；④ 生活无恐惧感和悲伤感的自由；⑤ 表达天性的自由。

3.1.2 福利评价指标与权重

对规模奶牛养殖场进行福利评价，有效确定福利关键问题。规模化养殖场奶牛福利评价指标与权重见表3-1。

表3-1 规模化养殖场奶牛福利评价指标与权重

目标层	原则层	标准层	描述指标	权重
福利评价	生理福利	清洁饮水	来源、充足	0.076 1
		饲料充足	异物、自由采食	0.166 2
		营养均衡	饲料配比	0.134 4
		分段饲喂	产奶量、泌乳阶段	0.026 7

（续表）

目标层	原则层	标准层	描述指标	权重
福利评价	环境福利	牛场内外环境	绿化、灭鼠灭蝇	0.011 3
		噪声情况	来源、大小	0.006 6
		光照情况	方式、强度	0.007 6
		通风情况	气味、温度	0.032 8
		设备状况	清洁、故障	0.011 7
		运动场舒适度	构造、清洁	0.008 2
		牛床清洁度	清洁频次、地面湿滑	0.048 0
		牛床舒适度	数量、清洁、尺寸	0.087 5
		分群管理	牛群结构合理、牛舍布局	0.009 8
	卫生福利	病死伤处理	无害化、处理方式	0.071 9
		防疫措施	防控程序、设备设施	0.028 3
		健康管理	牛体整洁、体检记录	0.071 9
		兽医管理	资质、器具、态度	0.028 0
		疾病诊治	发病率、诊疗方式	0.037 2
	心理福利	群体活动时间	聚集	0.004 2
		人畜互动	暴力	0.034 8
		设备伤害	牛舍、奶厅	0.034 8
	行为福利	侵略行为	攻击	0.018 2
		异常行为	刻板、狂躁、自我伤害	0.046 6
		应激行为	饲养密度、条件骤变	0.079 6

生理福利和环境福利是影响奶牛总体福利的最重要的两个维度，心理福利是对奶牛总体福利影响最小的维度。饲料供给是影响奶牛福利最重要的生理福利指标；牛卧床是影响奶牛福利最重要的环境福利指标；牛体健康管理是影响奶牛福利最重要的卫生福利指标；设备伤害是影响奶牛福利最重要的心理福利指标；应激行为是影响奶牛福利最重要的行为福利指标。

牛场应按照动物福利的要求，保证适度的饲养规模、科学设计牛舍、给奶牛提供足够的生存和活动空间，以满足其正常行为的自由表达；改进饲养生产工艺，加强精细化、精准化饲养和日常保健等，保障奶牛自由采食和饮水等。

3.2 牛舍

3.2.1 规划设计

牧场总规划面积，根据不同牛舍规划设计和生产工艺，每头牛平均拥有80～120平方米为宜。牛舍规划设计可参考表3-2。

表3-2 牧场主要基建设施及规划参数

序号	功能区域	土建设施名称	规划参数
1	生产区域	泌乳牛舍	14平方米/头
2		挤奶厅（含待挤厅、挤奶台、储奶间、设备间）	3平方米/头
3		赶牛通道	2平方米/头
4	生产区域	精料库（料塔）	料库0.75平方米/头，料塔0.1立方米/头
5		地上式青贮窖	10.6立方米/头
6		干草棚	1.2立方米/头
7		青年牛舍	10平方米/头
8		运动场	10～15平方米/头
9		粪污处理设施（干湿分离机、储粪池）	干湿分离设施1组/500头，储粪池0.5立方米/头
10		氧化塘	5立方米/头
11		犊牛舍	6平方米/头
12		干奶牛舍（产房）	14平方米/头
13		特需牛舍	14平方米/头
14	辅助设施	门卫值班室	按需配置
15		围墙	按实际面积

（续表）

序号	功能区域	土建设施名称	规划参数
16	辅助设施	供暖	按供暖建筑面积配置锅炉
17		电力	按实际最大用电功率120%配置
18		地中衡	50～120吨
19		宿舍（食堂）	按需配置
20		消毒更衣室	按需配置
21		水处理及供水设施	按200千克/（头·天）配置

① 为满足牛舍采光和通风需求，牛舍宽度在29～32米，牛舍长度按实际存栏确定，屋檐高度最少达到4米。② 为提升挤奶效率，挤奶机选择应根据牧场泌乳牛头数确定。泌乳牛头数在1 800头以内，建议使用并列式挤奶机；挤奶牛头数大于1 800头，建议使用转盘式挤奶机。③ 氧化塘有效容积按能贮存6个月污水计算。④ 为减少青贮窖频繁换窖过度，青贮窖的宽度按实际牛头数确定，但长度建议适当延长，高度能达到4米。

3.2.2 建设要求

3.2.2.1 温湿度控制

牛舍理想的环境温度：8～21℃，相对湿度：50%～70%。高热地区，牛舍建筑要适当加高，配置风扇和喷淋等降温设施；高寒地区，牛舍建筑要保温，配置卷帘等防风设施。奶牛舍内适宜温度和最高、最低温度见表3-3。

表3-3 奶牛舍内适宜温度和最高、最低温度

牛别	最适宜（℃）	最低（℃）	最高（℃）
成乳牛舍	8～21	2～6	25～27
犊牛舍	13～21	4～8	25～28
产房	15	10～12	25～28
哺乳犊牛舍	16～24	6～8	25～27

3.2.2.2 采光

光照影响牛的生长、泌乳和免疫功能。牛舍采光设计对牛群健康有较大的影响，往往容易被人们忽视。长光照的小牛成熟早，且生长速度快，脂肪组织增长少，乳腺组织发育快。如图3-1a所示，有自然采光设计牛舍的牛群健康状况要优于无自然采光设计的（图3-1b）。合理的光谱照射能直接影响奶牛的内分泌、性成熟、采食、生长发育和产奶量。奶牛理想的光照时长：小母牛12～16小时；泌乳牛14～16小时；干奶牛8小时。牛舍要有足够的采光，在牛舍任何地方都可以阅读图书或报纸。

a. 有自然采光

b. 无自然采光

图3-1 牛舍采光设计

自然光照时长不足的，或当进入牛舍的外部光线不能满足需要时，可在牛舍增加LED照明设施进行补光（图3-2b），增加牛群采食量，提高产奶量。有3个照度水平的舍内人工照明系统供考虑。

（1）低水平照度照明系统。指所有时间均要求所应该具备的最低照度，照度要求在30～50勒克斯，该照度能够保证奶牛和工人安全地在牛舍内的任何位置行走。当自然光降低到低水平照度以下时，光电控制器自动将保证最低照度的灯打开。

（2）工作照度系统。该系统的光源设置于牛舍的某些必须部位，要求的光照度为70～220勒克斯。当工人在牛舍内观察奶牛的发情情况、驱赶奶牛走动或投料、维护卧床及清理粪污时，采用手动方式开启此照明系统。

（3）自然光照延长照明系统。研究显示，每天为奶牛提供16～18小时，照度为100～330勒克斯的光照情况下，可使奶牛的产奶量提高5%～16%，因此可用人工照明补充自然光照在时间上的不足来增加奶牛的产奶量。

a. 自然采光

b. 人为补光

图3-2 牛舍采光方式

3.2.2.3 通风

牛舍中通风良好，不应闻到强烈的刺激性气味。牛舍中有害气体的阈值参考表3-4。牛舍换气量的建议值见表3-5。

表3-4 牛舍中有害气体的阈值

有害气体	最高浓度[1]	牛最大耐受浓度[2]
二氧化碳（CO_2，毫升/立方米）	5 000	3 000
氨（NH_3，毫升/立方米）	20	20
硫化氢（H_2S，毫升/立方米）	10	0.5

注：[1]丹麦国家工作环境管理局；[2]CO_2推荐含量应低于1 000毫升/立方米。

表3-5 牛舍换气量的建议值

牛的类别	冬季的最低换气量 [立方米/（小时·头）]	冬季的换气量 [立方米/（小时·头）]	夏季的最大换气量 [立方米/（小时·头）]
0～2月龄	25	83.5	167
2～12月龄	33.4	100	217
12～24月龄	50	133.5	300
成年牛	45.5	151.5	477

3.2.2.4 地面

舍饲情况下，牛通常会选择较软的地面，而不是较硬较滑的地面，因此奶牛采食站立区域最好为牛提供防滑地面。防滑槽：深2～3毫米、宽8～10毫米；间距：10～12毫米；朝向排水沟设有1%～2%的坡降。

3.2.2.5 饲槽和水槽

饲槽设计：底部高度应比牛采食所站地面高15～20厘米。

牛舍要合理设置水槽位置和数量，以保证奶牛充足饮水。使用开放式水槽时，每20～25头牛至少配置1个1.2米长的饮水槽，水槽高度60～70厘米。为满足牛群饮水和保障生产生活用水，新建牛场按每头牛每天220升规划供水量。

3.2.2.6 环境声音

牛舍是奶牛休息的主要区域，要保持牛舍周边环境相对安静。奶牛对异常噪声高度敏感，超过110分贝时，产奶量下降10%（甚至超过10%），噪声会导致奶牛出现焦躁不安，心率、脉搏紊乱、血压上升、食欲不振、产奶量降低等负面效应，甚至会引起流产。可选择低噪设备，在噪声大的设备上安装橡胶减震垫、减震器，或者安放到远离牛舍处，场内尽量减少一些断断续续的刺耳的声音。

有研究表明，节奏简单规则、速度为65～70 bpm（每分钟节拍数）、音色圆润的轻音乐最利于奶牛的抗氧化及免疫机能的提升。在牛舍可适时选择《欢乐颂》《春》等舒缓的轻音乐乐曲，在挤奶厅可尝试选择播放节拍与挤奶脉动频率相近的乐曲。

3.2.2.7 其他设施

导水槽：新建牛舍顶棚边沿宜设有导水槽收集屋面雨水。牛舍汇集雨水的雨落管道、场区地面的雨水沟壑（水沟渠）应与运动场的污水实现雨污分离，场区雨水进入雨水管网，汇入集水池或景观湖。

牛体刷：为满足牛梳理皮毛的福利需要，可在牛舍宽敞区域或运动场配备牛体刷。推荐采用旋转式牛体刷。每40～50头奶牛配备1个牛体刷。

颈枷：宽度750毫米。颈枷与牛数比：（100～120）：100。围产期牛舍（栏）的颈枷数量应适当增加。

3.2.2.8 设施处理

牛舍内牛活动区域的所有设施都要做圆弧状处理，避免尖锐物体和设施对牛体造成伤害。图3-3是正确的设施安装，图3-4是错误的设施安装。

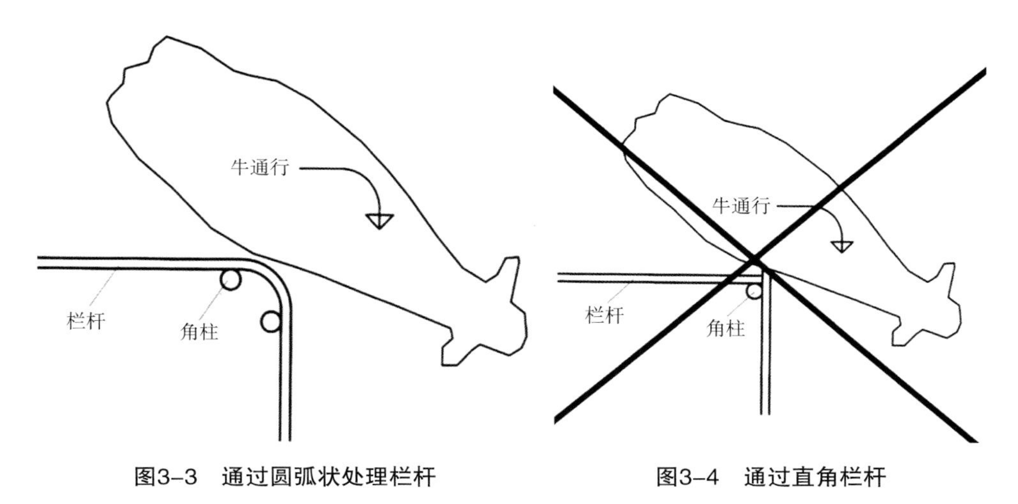

图3-3　通过圆弧状处理栏杆　　　　图3-4　通过直角栏杆

3.2.3　卧床

影响躺卧舒适度最重要的因素是卧床密度。卧床数与牛数比（105～110）：100。卧床应充足，保障奶牛每天在卧床上休息12小时以上。同一栏舍牛个体大小要均匀，卧床尺寸以90%以上牛粪排放到床外为准，卧床后面水泥台内侧最好是圆弧状，减少牛躺卧对飞节的损伤。此外，卧床的尺寸、颈轨、挡胸管、垫料、卧床维护等，也是影响奶牛舒适度的重要因素。荷斯坦牛休息隔离卧床所需要的空间参考表3-6，不同牛群卧床配置要求参考表3-7。

表3-6　荷斯坦牛休息所需要的空间（隔离卧床）

年龄（月）	奶牛体重（千克）	自由卧床宽度（毫米）	侧冲式隔栏（毫米）	前冲式隔栏（毫米）	颈轨高度（毫米）	卧栏挡墙到颈轨和挡胸管的距离（毫米）
6～8	159～236	762	1 524	1 829～1 981	787	1 168
9～12	236～340	864	1 626	1 930～2 083	889	1 245
13～15	340～408	965	1 829	2 134～2 286	965	1 448
16～19	408～517	1 067	1 981	2 286～2 438	1 041	1 575
20～24	517～644	1 168	2 057	2 438～2 515	1 168	1 676
24以上	650以上	1 200	—	2 600	1 200	1 680

注：设置卧床的奶牛自由休息宽度是度量相邻的2英寸（1英寸=2.54厘米）立柱中对中的距离。对于更宽的立柱可根据需要调整宽度。自由卧床的长度，颈轨与挡胸板的距离，均以卧床矮墙外沿为准。

表3-7 不同牛群卧床配置要求（隔离卧床）

牛群分类	卧床类型	基本尺寸	卧床挡墙高度（毫米）
泌乳牛	双列卧床单牛位	宽度1 200毫米，卧床单牛位长度2 600毫米	250
	单列卧床	宽度1 200毫米，卧床单牛位长度3 100毫米	250
干奶、围产牛	双列卧床单牛位	宽度1 500毫米，卧床单牛位长度2 600毫米	250
	单列卧床	宽度1 500毫米，卧床单牛位长度3 100毫米	250
15～24月龄牛	双列卧床单牛位	宽度1 200毫米，卧床单牛位长度2 400毫米	250
	单列卧床	宽度1 200毫米，卧床单牛位长度2 900毫米	250
7～14月龄牛	双列卧床单牛位	宽度1 000毫米，卧床单牛位长度1 750～2 300毫米	200
	单列卧床	宽度1 000毫米，卧床单牛位长度2 250～2 800毫米	200

注：卧床单牛位长度指卧床挡墙外侧与卧床隔栏预埋立柱中心之间的距离。

垫料床常用黄沙、矿砂、烘干牛粪、发酵牛粪、晒干牛粪、稻壳、锯末等物质，厚度以不小于20厘米为宜，以舒适为主，每天至少翻松平整卧床1次（图3-5），垫料补充频率为每周3次左右，要去掉杂质如石头、长木条和塑料制品等，保障90%以上的牛只在舒适的卧床休息（图3-6）。

图3-5 平整卧床

图3-6 卧床休息

卧床是否舒适，目前常用膝盖测试法（图3-7），即自然下跪，做站立、下跪、站立动作，连续5次，每次10秒，看膝盖是否有损伤和裤子是否潮湿，判断卧床垫料松软度和干湿度。

图3-7　膝盖测试卧床舒适度

卧床管理是否到位，定时查看通道、过道和卧床干净整洁程度，查看牛尾毛、乳头和臀部是否干净；卧床使用纤维类垫料，如干湿分离牛粪，挤压纤维不易过细，太细易起粉尘，增加奶牛产生呼吸道疾病的概率。荷斯坦牛休息通铺卧床所需要的空间参考表3-8。

表3-8　平均每头荷斯坦牛休息所需要的空间（通铺卧床）

月龄	体重（千克）	自清洁休息区（平方米/头）	最小卧床休息区（平方米/头）	拉槽地面（平方米/头）	舍外运动场地面（平方米/头）
0～2	41~82	不用	犊牛岛	不用	不用
3～5	82~159	不用	2.6	不用	不用
6～8	159~236	0.93	2.6	1.11	3.25
9～12	236~340	1.11	2.6	1.21	3.72
13～15	340~408	1.39	2.97	1.58	4.18
16～23	408~612	1.67	3.72	2.32	4.65
泌乳期	635	不用	4.65	不用	不用
干奶前期	>590	1.86	6.97	3.25	5.11
干奶后期	>590	不用	9.29	不用	不用

注：休息空间不包括采食通道。犊牛群养围栏通常全部铺满垫料，尽可能多提供干燥休息区域。犊牛岛：4英尺×8英尺（1英尺≈30.48厘米），配4英尺×6英尺室外运动场；舍内：2.60平方米/头，4英尺×7英尺围栏。

采光通透的发酵床“大通铺”牛舍（图3-8），可以保证牛舍采光和避雨，定期翻抛、添加垫料和菌种，管控发酵床水分，保持松软，奶牛随时随地可以躺卧在“大通铺”上休息，其舒适度必然大大超过卧床。发酵床“大通铺”牛舍的采食与运动区域全部采用高棚架起，牛舍外檐高度，北方建议≥5米，南方建议≥6米。

图3-8　采光通透的发酵床“大通铺”牛舍

3.3　初乳和饲料供给

3.3.1　犊牛初乳饲喂

3.3.1.1　初乳收集

必须在产后2小时内挤初乳，血乳、患乳腺炎（乳汁稀薄、凝块、絮状）的乳不得收集；收集时保证一牛一桶，不能混合。犊牛出生1～2小时内饲喂2～4升初乳效果最佳，6～8小时之间再人工饲喂1次，临界点是10个小时，出生后10小时免疫球蛋白（IgG）的吸收能力急剧下降。

3.3.1.2　质量标准检测

（1）糖度计（白利度）。检测数值≥22%，IgG含量≥50毫克/毫升，属于优质初乳，可用于犊牛初乳饲喂；检测数值20%～21.9%，IgG含量为24.9～49.9毫克/毫升，合格初乳，可使用；检测数值≤19.9%，IgG含量<25毫克/毫升，不合格初乳，不作为初乳灌服使用。

（2）初乳折光仪。挤奶后奶温至20℃时进行测定，蓝色和白色分界线最为明确，密度>50毫克/毫升为合格初乳。

（3）初乳比重计。绿色优质，黄色合格，红色不合格。

3.3.1.3 装袋

① 将合格初乳装入配套的（3升、4升）初乳袋中。② 在袋上使用记号笔标注：数量、日期、检测值、母牛号、保存人。③ 20分钟内将装袋初乳进行巴氏消毒，冻存。④ 如20分钟内无法及时巴氏杀菌，可饲喂前进行巴氏杀菌后即降温使用，不再冻存。

3.3.1.4 初乳巴氏杀菌

① 初乳巴氏杀菌要求：60℃后持续加热60分钟。② 将装好初乳的初乳袋放入内胆中，数量不宜太多。③ 内胆的水位没过初乳袋。④ 将巴氏杀菌机内胆的盖子盖好，巴氏杀菌机工作时，切不可频繁揭盖，保证温度恒定。⑤ 巴氏灭菌后20分钟内迅速降温到16℃以下（16℃以下才能控制微生物繁殖），随后冷冻保存。

3.3.1.5 初乳保存

① 巴氏杀菌后将其按照优质初乳、合格初乳2个类别平整放入冰柜内冷冻保存。② 储存条件：4℃冷藏（保存48小时）或-20℃冷冻（可保存1年），初乳使用做到先进先出原则。

3.3.1.6 初乳解冻

① 巴氏杀菌机执行解冻程序（温度：55℃，时间：20～40分钟）。② 保证内胆内的水必须没过奶袋。③ 将巴氏杀菌机内胆的盖子盖好，保证温度的恒定。④ 解冻后的初乳要尽快使用喂给犊牛，不可再次冻存。

3.3.1.7 初乳饲喂

① 饲喂温度：37～38℃。② 灌服时控制流速，4升灌服时间为8～10分钟。③ 首次灌服使用优质初乳，密度≥22%白利度。④ 灌服时间和量。正常犊牛，第1次，出生后1小时内灌服4升；30千克以下的犊牛第1次灌服2升；第2次，6小时内饲喂2升。

3.3.1.8 初乳灌服器应用

① 将初乳袋与胃管连接好后倒立固定于高处，待初乳流入胃管头部后卡好阻止器。② 一手保定犊牛，一手将投喂管头用奶水润湿，压在犊牛舌头

上，小心插入食管。③ 插入胃管后，犊牛没有异常咳嗽或急躁反应后，打开阻止器灌入初乳，保证自然流速。④ 完成灌服，关闭阻止器，并小心抽出胃管。⑤ 灌服器头部如有破损及时更换，以防伤到犊牛。

3.3.1.9　初乳饲喂效果评价

① 出生24～72小时的健康犊牛，喂奶1小时后采集血液。② 使用离心机分离血清，离心机转速调整为3 000转，时间为5分钟。③ 离心结束取上层血清用于检测。④ 糖度计检测结果判定标准。检测数值6.8%～9.6%表示犊牛被动转运成功，检测数值<6.8%，表示犊牛被动转运失败，检测数值>9.6%，表示犊牛处于脱水状态；⑤ 血清折光仪检测结果判定标准。检测数值≥5.5克/分升表示犊牛被动转运成功，检测数值<5.5克/分升表示犊牛被动转运失败（表3-9）。

表3-9　犊牛被动免疫标准[1]

等级	血清总蛋白[2]（克/分升）	对应血清IgG（克/升）	群体推荐标准（犊牛占比，%）
优秀	≥6.7	≥24	>40
良好	6.0～6.6	18.0～23.9	≈35
合格	5.2～5.9	10.0～17.9	≈25
不合格	<5.2	<10.0	<5

注：[1]该标准源于国际后备牛培育协作创新平台（ICHO）；[2]血清总蛋白（克/分升）=[36.15+血清IgG（克/升）]/9.01。

3.3.2　TMR日粮供给

3.3.2.1　TMR配制原则

① 在满足奶牛营养需要的前提下，比较饲料成分、饲用价值以及价格，确定日粮原料及使用比例。② 泌乳牛精料补充料干物质的最大比例不超过日粮干物质的60%。③ 在保证日粮中降解蛋白质（RDP）和非降解蛋白质（RUP）相对平衡的前提下，可降低日粮的粗蛋白质水平。④ 添加保护性脂肪和油籽等高能量饲料时，日粮脂肪含量（干物质基础）不超过7%。⑤ TMR

原料应稳定供应，不宜经常变更TMR日粮配方。若确需调整TMR日粮配方时，应避开泌乳高峰期，并有15天左右的过渡期。

3.3.2.2 TMR饲料的准备

应按照配方中所要求的饲料种类和数量制订供应计划，备好各种饲料。使用时，应认真清除饲料中混有的塑料袋、金属以及草绳等杂物；不应使用霉变等变质饲料，必要时预切短粗饲料。制备玉米秸秆青贮时要铡短、切碎，长度1.5厘米左右。干草类要打开草捆，较长的干草应铡短，长度2.0～5.0厘米。糟渣类水分含量应控制在65%～80%。

3.3.2.3 TMR搅拌车选型

TMR搅拌车选型参考表3-10。搅拌车或撒料车出料口处应设有磁铁。

表3-10　TMR搅拌车类型

搅拌车类型		主要特点
搅拌方式	立式	圆锥形箱体，由1～2个垂直的立式螺旋钻构成。适于切割大型草捆、青贮捆和小草捆。切割混合速度快、易损配件少、使用寿命长，保养费用低。该车适合水分高、黏附性好的原料混合
	卧式	长方形箱体，后部配填料斗。由2～3个水平螺旋搅拌轴构成。适于切割小草捆和人工填料，但搅龙易磨损，配套动力大于立式车。该车适合比重差异大、水分低的原料混合以及小批量生产
移动方式	固定式	通常采用卧式搅拌方式。固定在各种原料储存相对集中、取运方便的位置，由电机提供动力。待搅拌结束后，再用投料工具投料。该车采购成本低廉，非常适合奶牛养殖小区使用
	牵引式	分为立式、卧式搅拌车。由拖拉机牵引，提供原料搅拌及输送的动力，也可配取料装置。边行走、边搅拌，可直接将日粮投入饲槽。该车移动性强、随处取料、效率高，非常适合规模化牛场使用
	自走式	分为立式、卧式搅拌车。可自动取料、自动称重计量、混合搅拌、运输、饲喂等。该车自动化程度和生产效率高，但价格昂贵。适合大型牛场使用

注：固定式TMR搅拌车要配置TMR撒料车或农用自卸三轮车等投料工具。

3.3.2.4 TMR饲料原料填装

① 填装顺序原则：先长后短、先轻后重、先干后湿、先大量后小量的顺序进行。② 填装顺序：立式TMR搅拌机添加顺序：宜为干草、精饲料、青贮饲料、糟渣类和液体饲料。卧式TMR搅拌机添加顺序：宜为精饲料、干草、青贮饲料、糟渣类和液体饲料。③ 严格按照配方控制投料重量。为保证投料精准度，有条件的牧场，可安装配备TMR精准饲喂系统。没有条件的牧场，应进行TMR投料误差评估。④ TMR添料误差评估：原料添加量>100千克的，控制粗饲料的添加量误差<10%，控制精饲料的添加量误差<5%；原料添加量≤100千克的，控制粗饲料的添加量误差<5%，控制精饲料的添加量误差<2%。

3.3.2.5 TMR搅拌时间

边加料边搅拌至颗粒度和均匀度达到要求，防止过度搅拌混合。不同原料的适宜搅拌时间参考表3-11。

表3-11 不同原料的适宜搅拌时间

组分	羊草	燕麦草	苜蓿草	精料	青贮类	糟渣类
时间（分钟）	5～8	5～8	3～5	2～5	10～15	5～10

注：原料全部填完后再混合3～6分钟，可根据TMR颗粒度检测结果进行调整。

3.3.2.6 TMR加工次数

TMR每日配制次数为1～3次。在炎热的夏季，宜适当增加配制次数。

3.3.2.7 TMR质量

TMR水分含量控制在45%～55%。若水分含量不足，应在填料结束时加水补充。饲喂顺序及原则：每日清理1次剩料（早班或晚班），并将饲喂通道清洁干净。

3.3.2.8 投料

（1）投料（饲喂）顺序。新产牛、高产牛、低产牛、干奶牛、青年牛。

对泌乳牛投料应在挤奶期间进行。泌乳牛根据挤奶顺序、时间先后投料（饲喂），在泌乳牛挤奶时，开始给该舍投料。

（2）饲喂时间、比例。泌乳牛每日饲喂3次，建议早、中、晚比例是4∶3∶3（夏季适当调整中午班次比例），可根据各牧场实际情况自行设定比例。干奶牛、围产牛、青年牛、育成牛每日饲喂2次，早上、下午各1次，比例根据牧场实际情况自行设定。

（3）投料次数和要求。每天投料2～3次，高温高湿季节不少于3次，保证TMR新鲜。投料必须均匀，成一条线，两端适量多一些，保证奶牛采食的一致性。定期检测青贮、TMR干物质，根据剩料情况及牛头数的变化，调整投料比例或份数。个体异常牛应单独补饲或限饲，以达到适宜的体况。

3.3.2.9 饲槽管理

（1）每天巡舍3～5次，了解牛群情况，保证牛群自由采食和饮水，防止空槽（图3-9）。

（2）牧场应设专人负责推料，保证牛只能随时采食到TMR，减少出现推料不及时（图3-10）的情况。每天应向饲槽推料5次以上，每栋牛舍投完料，奶牛采食半小时，要进行第1次推料然后每隔1小时推料1次，直到下次投料。育成牛舍，按照以上标准，在投料后1小时推料1次。推料时发现TMR饲料中存有捆草绳、铁丝、石块等杂物，必须及时清除。

图3-9　长时间空槽

图3-10　推料不及时

（3）防止剩料过多或缺料。剩料量控制在新产牛5%～7%，泌乳牛3%～5%，育成牛2%左右，空槽时间每天不超过2～3小时。

（4）每天清理1次剩料，并将饲喂通道打扫干净观察饲槽死角及颈枷下沿是否有发霉的TMR饲料，及时清扫饲槽，避免剩料发热、发霉。饲喂通道中间过道上无多余的TMR饲料，无积水。

（5）剩料的使用。泌乳牛剩料可执行新产牛、高产牛剩料喂中低产牛，中低产牛剩料喂后备牛，先检测，再根据营养成分制定后备牛配方。禁止将发霉变质的剩料饲喂给任何牛群。

（6）采食道光线充足，以在舍内任何区域看清报纸上的字为准。

3.3.2.10 饲槽评分

可使用饲槽评分检测饲料供应量和奶牛采食行为是否合适。每次清槽前对饲槽上的剩料进行评分，以下为其评分细则。

1分——饲槽上无剩料。

2分——剩料在饲槽不同区域分布不均匀，或剩料量少于投料量的5%，且剩料多为无法采食的秸秆和玉米芯等。

3分——剩料在饲槽不同区域分布基本均匀，为投料量的5%～10%。剩料均在饲槽70厘米以内，剩料与投料在物理性状上基本一致。

4分——食槽上饲料的最大厚度为5～10厘米，或剩料多集中于饲喂线70厘米外。

5分——食槽中饲料的最大厚度超过10厘米。

饲槽评分以3分为宜。分数过低，表明奶牛饥饿，应每5天增加5%投料量，直到评分达到3分为止；分数过高，表明饲料堆积，应检查原料适口性（贮存时间长、变质、发霉）、含水率（青贮和啤酒糟）、卸料均匀度和推料次数，排除上述问题后，应每5天降低投料量3%，直到评分为3分为止。

3.3.3 玉米青贮质量

3.3.3.1 感官评价

玉米青贮感官评价分级如表3-12所示。

表3–12　玉米青贮感官评价分级

等级	气味	颜色	质地结构
优	酸香味	与原料颜色一致，通常呈绿色或黄绿色	茎叶明显，结构良好
良	醋酸味强	颜色变深，呈深绿或草黄色	茎叶可分，结构良好
中	酸且臭、刺鼻、有强烈的酸臭味（丁酸发酵）	颜色发暗，褐色或黑绿色	叶片软或变形，结构不分明
差	霉变、腐烂、有浓烈氨气味	严重变色，黑褐色、烂草色	叶片、嫩枝霉烂、腐败，粘连成泥状

3.3.3.2　青贮品质检测

开窖使用1周后需要采集新鲜的青贮样品送实验室进行品质检测。检测的项目可根据需要而定，根据检测结果及时调整配方结构和青贮用量。全株玉米青贮营养指标及发酵指标的正常范围见表3–13。

表3–13　全株玉米青贮营养指标及发酵指标的正常范围

项目		指标
营养指标	干物质（%）	30 ~ 38
	粗蛋白质（%）	≥7
	ADF（%）	≤30
	NDF（%）	≤46
	淀粉（%）	≥28
发酵指标	乳酸（%）	≥6
	乙酸（%）	≤2
	丙酸（%）	≥0.8
	丁酸（%）	不得检出
	氨态氮（%）	≤10
	pH值	3.8 ~ 4.2

青贮原料的生长期及刈割时间对青贮饲料的品质有很大的影响。以玉米青贮为例，随着籽粒灌浆和成熟度的提高，全株鲜产量及蛋白质含量有所下

降，而乳熟后期至蜡熟前期（即1/3乳线至3/4乳线）全株具有较高的干物质和蛋白质总量，水分含量在65%～70%收获，是制作青贮的最佳时期。玉米籽粒的成熟度见图3-11。

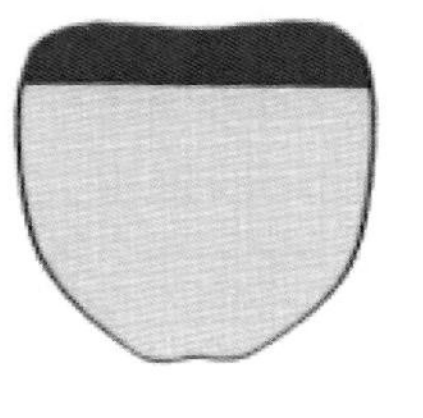

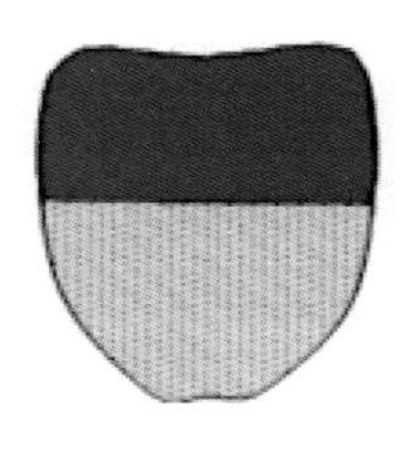

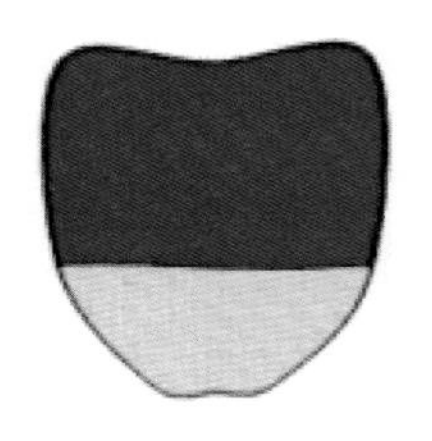

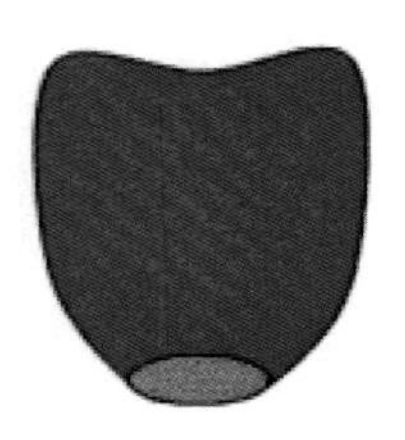

图3-11 玉米籽粒的成熟度

全株玉米青贮收获时合理的留茬高度一般为15～20厘米。全株玉米青贮的切碎长度一般为1～2厘米。玉米青贮使用过程中，应使用专用（自制）青贮取料装备（图3-12）取料，不应用铲车取青贮料（图3-13）。玉米青贮使用过程中常见问题及解决措施见表3-14。

表3-14 玉米青贮使用过程中常见问题及解决措施

序号	青贮存在主要问题	指导原则及解决措施
1	发酵时间不足45天	① 在能够外购优质青贮的情况下，最好使用一段时间外购青贮，暂缓开窖，以保证新青贮的发酵品质。② 无法外购时，提前做好新旧青贮过渡计划，对新青贮进行质量检测并根据结果适当降量使用。③ 及时挑出发霉变质青贮。④ 取用时保证截面整齐
2	感官评定差	① 青贮感官评定为差时，建议弃用，外购优质青贮。② 针对出现过牛奶质量问题的牧场，要对新青贮进行发酵指标和安全指标的检测，根据结果适当调整青贮用量
3	干物质偏低	① 根据日粮配方干物质水平，调整新青贮添加量，保证日粮干物质量、营养水平与原配方持平。② 日粮降低加水量并增加长干草或短纤饲料。③ 根据淀粉水平变化调整能量水平
4	干物质过高	① 延长开窖时间，提高青贮消化率。② 降低青贮添加量。③ 日粮添加促消化添加剂或酶制剂。④ 减少高纤维饲料添加量

（续表）

序号	青贮存在主要问题	指导原则及解决措施
5	切割长度过短	① 关注TMR宾州筛结果，及时调整拌料时间或加料顺序。② 不建议使用取料机，可采用铲车侧切的方式作业。③ 日粮增加优质长干草或者短纤饲料。④ 日粮补充小苏打等缓冲剂
6	切割长度过长	① 控制青贮用量，不宜添加过多。② 根据宾州筛检测结果调整加料顺序及增加搅拌时间，保证宾州筛上层8%～15%。③ 建议使用取料机取料，利用取料机的二次切割及破碎功能。④ 降低长干草或低质量干草的添加量，增加短纤饲料
7	淀粉不足	日粮增加压片玉米或者精料量
8	取用截面不齐整	① 青贮窖足够宽的，铲车与青贮截面平行前进，用侧切的方法取料。② 青贮窖宽度不足时采用三角截面法，增加取料操作空间
9	冬季青贮结冰	① 及时挑出结块较大青贮，避免饲喂怀孕牛只。② 结块较多的区域使用取料机进行取料。③ 保证日粮颗粒度适当前提下，增加搅拌时间

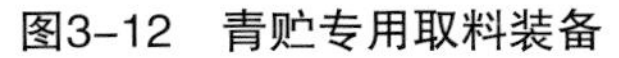
图3-12　青贮专用取料装备

图3-13　用铲车取青贮料（不当）

3.4　饮水供给

3.4.1　饮水量评估

水对奶牛健康、生产性能影响很大。水是牛奶中最主要的组成成分，占87%～88%。泌乳牛饮水量每天下降40%，则产奶量下降25%。

3.4.2　水质检测

饮水水质往往容易被管理人员忽视，水质应符合《生活饮用水卫生标准》（GB 5749）规定，牧场每年可对水质进行委托检测。一定要保证奶牛自由饮用温度适宜、清洁的水。在炎热的夏季，奶牛要饮用凉水，或在饮水中添加小苏打、维生素C等添加剂，以缓解热应激；在寒凉的冬季，犊牛饮用水的水温应保持在15～25℃，其他牛饮用水的水温应保持在10～12℃以上，不可饮用结冰、污浊的水（图3-14、图3-15）。

图3-14 水槽中的水有结冰

图3-15 水槽中的水变污浊

3.5 挤奶

3.5.1 奶厅管理

3.5.1.1 挤奶次数

每天挤奶2～4次。每日挤3次的产奶量比挤2次的高10%～20%。4次挤奶的平均日产奶量比3次挤奶高约1千克。头胎牛4次挤奶的高峰日达到时间比3次挤奶提前3天左右；经产牛4次挤奶的高峰日达到时间比3次挤奶提前11天左右。

3.5.1.2 挤奶流程

用一次性纸巾（或干燥洁净的消毒毛巾）清洁乳头→前药浴乳头30秒→挤前3把奶弃掉→按摩擦干乳头20秒→套杯→关闭真空阀脱杯→后药浴乳头→走牛饲喂。

挤奶人员应穿戴适宜的手套（图3-16a）和工作服，药浴使用药浴杯（图3-17）或药浴喷枪，药浴液应覆盖整个乳头，保证药浴液停留在乳头上的时间达到30秒。通过对前3把奶的观察，判断奶质是否正常，发现奶变质、有絮状物或血奶，不能在挤奶台挤奶，禁止进入贮奶罐。对有这些情况的牛要记录，及时向兽医报告，及时治疗。

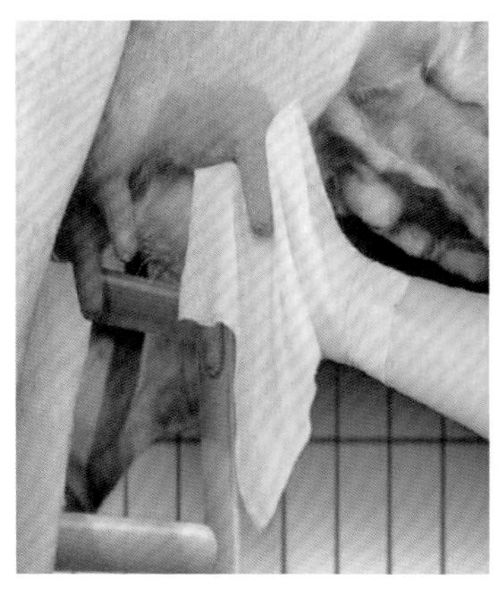

a. 适宜手套

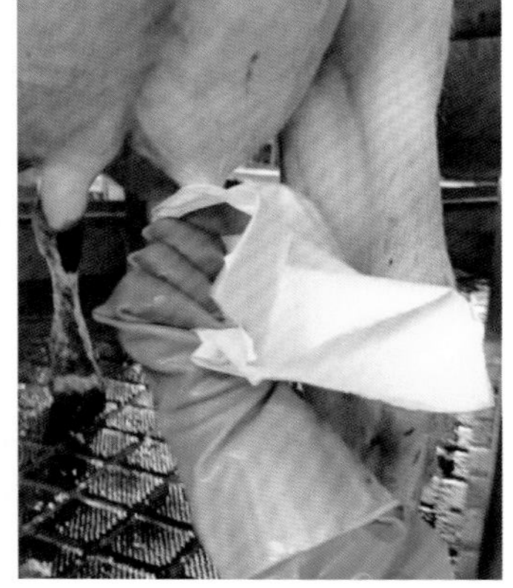

b. 不适宜手套

图3-16 擦拭乳头

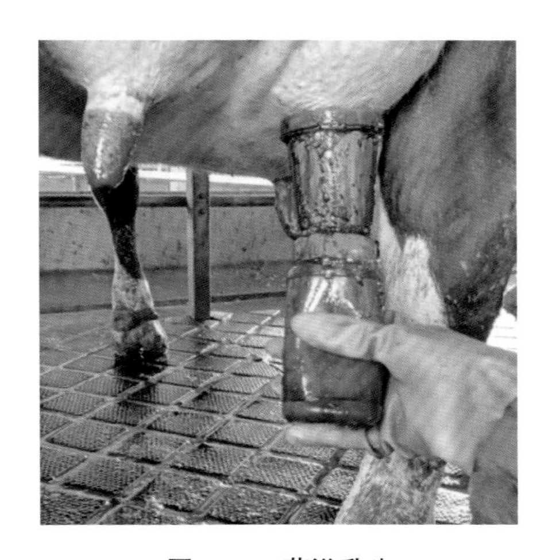

图3-17 药浴乳头

3.5.1.3 套杯时间

在挤前3把奶和做好乳头清洁后的1分钟左右乳头充盈（乳房内奶压增大，开始下奶）套杯。从挤奶准备（乳头刺激）到套杯的时间间隔要控制在60～120秒。如果为泌乳后期的牛，泌乳反射时间会延长，建议90～120秒之内上杯。如果套杯延迟（大于120秒），需要重新进行预刺激并等待重新套杯。最佳的等待时间取决于乳房充盈程度。

3.5.1.4 套杯顺序和巡杯

套杯时先上前两个奶杯，而后上后两个奶杯，速度要快、防止漏气。在套杯后要巡视杯组，调整杯组位置，杯组垂直或略微前倾的状态是比较合适的。观察每个杯组的奶流是否正常，只有在杯组处于最佳位置时，才能保证所有的乳头以相同的速度挤奶，在所有乳头挤奶同时结束时才能有尽可能好的挤奶效果。此外，注意保证长奶管与脉动管对齐，避免软管扭曲。如果杯组位置不好，可以使用杯组支撑装置，确保杯组垂直悬挂于奶牛乳房下方。对滑杯漏气的杯组及时调整，确保杯组悬挂。踢杯掉杯的牛只要及时补杯。

3.5.1.5 挤奶曲线

挤奶曲线是反应挤奶流程好坏的重要工具。挤奶流程中的挤奶前操作，会影响泌乳反射的完成度和质量，不同的泌乳反射过程最终表现出不同的奶流速曲线模式，即不同的挤奶曲线形状。如果过早进行挤奶，此时催产素还未释放，会形成奶量双峰。如图3–18所示，第1个峰是机械将乳池内的乳挤出，催产素分泌还处于较低水平，导致奶流迅速降低；第2个峰是催产素作用下使腺泡内的乳排出，形成的奶流量较低，挤奶时间延长。如果120秒内不能进行挤奶，会反向抑制催产素的分泌，延长挤奶时间。

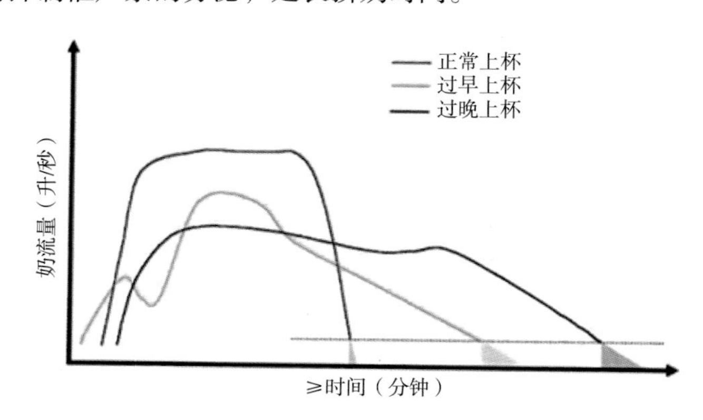

图3–18 不同的挤奶前准备时间与奶流量曲线变化

3.5.1.6 挤奶参数设置

挤奶参数设置是保证奶牛乳房健康的重要前提。挤奶参数设置参考表3–15。挤奶设备应当在每次挤完奶后立刻进行清洗，先用经过食品级过滤的

空气将管道中的剩奶顶出（间断放气，5分钟以内），倒入奶缸，再经过“温水—碱液—温水”或“温水—碱液—温水—酸液—清水”完成挤奶设备的清洗，每个挤奶位清洗用水量8～10升。挤奶设备原位清洗（CIP）的清洗程序参数见表3-16。

表3-15 挤奶参数设置参考值

参数项目	内容	参考值
脱杯流量	2次挤奶	0.4～0.6千克/分钟
	3次挤奶	0.6～1.0千克/分钟
	4次挤奶	0.8～1.0千克/分钟
脉动参数	脉动频率	50～60次/分钟
	脉动比率	65：35（50：50、60：40）
	挤奶相（B相）	>30%
	按摩相（D相）	>15%
真空参数	乳头末端真空	32～40千帕
	系统真空	40～44千帕；高位的48～50千帕

注：真空压力的参数范围，取决于计量器型号规格。实际生产应以相应产品型号的挤奶装备说明书进行参数设置。根据挤奶效果和乳头评分评估情况来进行调整优化。

表3-16 CIP清洗程序参数

序号	名称	时间（分钟）	温度（℃）	循环模式	清洗阶段评估
1	温水	3～5	35～45	不循环冲洗	排水清澈
2	碱液	8～10	80～85	循环冲洗	出水温度45℃以上，pH11～12
3	温水	3～5	35～45	不循环冲洗	排水清澈，pH值中性
4	酸液	8～10	75～80	循环冲洗	出水温度40以上，pH2～3
5	清水	5～10	15～35	不循环冲洗	排水清澈，pH6.5～7.5

注：碱液和酸液添加量（浓度）按不同机型或厂家说明书执行。

3.5.1.7 脱杯

合适的挤奶结束时间很重要，要避免过挤（奶流量过低甚至没有牛奶的情况下挤奶），也要避免挤奶不完全，可以通过自动脱杯流量感应器以及合理的脱杯流量设置来实现。脱杯流量的调整应小幅度递增，如0.05～0.1千克/分钟。手动脱杯的情况下，一定要密切观察奶流量，及时脱杯。

3.5.1.8 挤奶设备挤奶效果评估

随机抽取30头乳房健康的奶牛，在其脱杯后立即手工挤出乳房中的牛奶，最长手工挤奶时间为15秒或挤到牛奶不再流出（2个标准以先达标为准），监测残余奶量。若24头（80%）奶牛的乳房总残余奶量在150～250毫升，表明挤奶完全，对产奶量没有负面影响；若超过20%的残余奶量低于150毫升，则表明挤奶过度，奶厅需要改善管理，以提高奶牛的乳房健康和福利。

3.5.1.9 后药浴

脱杯后，30秒内药浴每个乳头。整个乳头都要被药浴液覆盖，以封闭乳头孔和杀死乳头上的细菌。乳头导管的括约肌起关闭乳头通道的作用，是防止细菌进入乳房的关键屏障。

3.5.1.10 挤奶时间

① 并列式，每批牛挤奶时间约15分钟；② 转盘式，每批牛挤奶时间约10分钟。

3.5.1.11 挤奶顺序

原则依照“新产牛、高产牛、中低产牛”，其他产非正常生乳（包括初乳、含抗生素乳和血乳）的牛和患有乳房炎的牛应单独挤奶。通常安排到最后挤奶，做好产非正常生乳的奶牛信息和牛奶的处理记录。

3.5.1.12 生乳冷却、储存

牛奶挤出后应在2小时内冷却到0～4℃。生乳储存、运输和销售应符合《乳品质量安全监督管理条例》《生鲜乳生产收购管理办法》《生鲜乳生产收购记录和进货查验制度》的有关规定。

3.5.2 乳房健康管理

3.5.2.1 乳头健康

奶牛应保持柔软有弹性的乳头皮肤。乳头形状、位置和性能良好的挤奶机及合适的挤奶速度是保证乳头健康的先决条件。乳头健康状况可结合乳头评分进行评估。不建议交由挤奶工进行乳头评分。牧场技术测定或评价最好由技术场长或技术专职人员进行，及时为牧场经营者提供检测或评估报告，提出解决措施或改进意见。

3.5.2.2 乳房保健

一些乳头药浴含有皮肤护理成分（甘油和羊毛脂等）和消毒剂。在喷洒和浸蘸时确保乳头下端至少1/3都被药浴浸泡。

3.5.2.3 注意事项

一是干裂和损伤的皮肤可以产生疼痛，是细菌理想的繁殖场所。二是不要过度挤奶，防止损伤乳头括约肌，成为乳房炎发生的诱因。由于挤奶时对乳头末端的压迫可形成结痂。如果结痂环不能保持柔软而是发生磨损，就会大大增加乳房感染和患乳房炎的概率。

3.6 犊牛早期断奶

3.6.1 代乳粉的饲喂

3.6.1.1 代乳粉配制方法

保证水温80～100℃；将开水放入大容量水桶内降温至45～55℃；按说明比例将代乳粉倒入桶内开始搅拌，直到代乳粉全部溶解；然后降温到37～39℃。

3.6.1.2 牛奶与代乳粉的过渡

如牛奶不够，使用代乳粉，可以在牛奶中加入代乳粉，但是两次饲喂必须保证比例一致；使用代乳粉前，要仔细观察代乳粉是否有变质或者发霉的情况，代乳粉袋开封后没有结块、变色、异味。代乳粉必须合理的保存，保证干燥。

3.6.1.3 巴氏杀菌乳、酸化乳饲喂

巴氏杀菌乳：将牛奶水浴加热到60～65℃，在此温度下持续30分钟。

酸化乳制作：酸化前将牛奶冷却至10℃以下，每升牛奶添加30毫升甲酸溶液（选用85%的甲酸按体积比进行1：9稀释），边加酸边搅拌，充分搅拌后静置1小时进行第2次搅拌，酸化时间10～14小时，让其充分杀菌，酸化过程中要进行搅拌以防牛奶分层，每天至少搅拌3次。酸化后测定pH值应为4～4.5，pH值偏低酸化奶的适口性差，pH值偏高杀菌效果不好，根据经验，理想pH值控制在4.2左右为好。

注意：① 甲酸溶液配制稀释时，应将甲酸缓慢倒入水中，边倒边搅拌。切不可将水倒入甲酸中，以免甲酸挥发对口鼻黏膜造成刺激。② 制作好的酸化乳可保存1～3天，饲喂前需适当加热。

3.6.2 开食料饲喂

① 开始饲喂时间：3天开始饲喂开食料。② 饲喂频次：1～3次/天，每次将剩料清理，重新添加，全天保证颗粒料新鲜。③ 添加量：20天之内0.5千克/天；20～40天1千克/天；40～60天1.5千克/天，全天保证自由采食。将新鲜的燕麦草铡碎，投放在犊牛的采食槽道，供犊牛自由采食。④ 剩料处理：每天清理剩料。

注意：颗粒料保存要通风、料垛底搭起，防止返潮导致料的霉变。

3.6.3 断奶

3.6.3.1 断奶原则

① 断奶时间：正常犊牛60日龄完成断奶，55～60日龄进行断奶过渡。② 断奶标准：连续3天颗粒料采食超过1.5千克即可断奶；断奶时体重应为出生重的2倍，平均日增重在750克以上，断奶犊牛体重不足初生重2倍可延长1周断奶。③ 生长指标：犊牛断奶时体重应达到90千克以上、体高84厘米以上；注意没达到生长指标不予断奶，达标后按正常程序断奶；疾病未治愈不予断奶，治愈后按正常程序断奶。④ 哺乳犊牛成活率≥97%；断奶犊牛

成活率≥98%。

3.6.3.2 断奶程序

① 从牧场管理软件中，获取断奶犊牛明细。② 核对需要断奶牛只耳号，并做好标记。③ 检查犊牛健康状况、去角、去副乳头等，有问题的及时处理，没有问题的正常断奶。④ 断奶后称重，计算断奶时的日增重，并做好记录。

3.6.4 过渡饲养

犊牛断奶时要实行逐步断奶而不是突然断奶。逐步断奶是先降低50%牛奶摄入量持续1～2周（可以两次都减少50%或者一次足量，一次减少50%牛奶摄入），然后再断奶。建议不要8周前断奶，那时瘤胃还没发育好。断奶前使用抗生素会降低奶牛一生的产奶量，要避免断奶前滥用抗生素。

3.6.4.1 过渡期60～75天

① 分群：断奶后在原地过渡饲养7天，以减少转群应激，7天后整群转入过渡舍饲养，4～6头为一舍。② 采食：断奶犊牛自由采食颗粒料，投放量2.5～3千克/（头·天），同时保证每头犊牛的采食空间。③ 饮水：24小时提供清洁饮水，冬季需提供17～20℃清洁温水。④ 运动场：每周清理2次，保证干净、舒适、干燥。⑤ 通风：冬、春季室内饲养时保证牛舍通风。⑥ 活动空间：运动场保证3平方米/头的活动空间。

注意：每月根据犊牛身高调整群别。

3.6.4.2 过渡期75～90天

① 分群：根据日龄和体重相近的原则，小群饲养20～40头，料槽内的料均匀分布，保证每头犊牛采食空间。② 采食：断奶75天后的犊牛自由采食，采取颗粒料+优质燕麦草的方式进行饲喂。③ 饮水：24小时提供自由、清洁、卫生的饮水。④ 环境：保证圈舍清洁干燥，定期消毒，垫料厚度>20厘米。⑤ 日常观察：由专人对断奶后体况、疾病情况等进行监控，异常牛应及时检查，必要时给予治疗。

3.6.5 生长发育指标

犊牛生长发育指标应达到表3-17的要求。

表3-17 犊牛生长发育指标要求

生长阶段	体高（厘米）	胸围（厘米）	体重（千克）
初生	≥72	≥75	≥35
2月龄（断奶）	≥84	≥101	≥90
6月龄	≥105	≥128	≥180

3.6.6 犊牛健康评分

对犊牛健康评分可监测其健康和发育状况。犊牛以0分为佳，1分应提高警惕，2分应采取相应的措施。犊牛的健康评分见表3-18。

表3-18 犊牛的健康评分

评分	0分	1分	2分	3分
直肠温度（℃）	37.8 ~ 38.3	38.4 ~ 38.8	38.9 ~ 39.4	>39.5
鼻子评分	正常	一侧鼻孔有少量黏液	两侧鼻孔流有黏液	两鼻孔流出大量黏液
眼睛评分	正常	少量眼屎	中等眼屎	大量眼屎，眼睛深度下陷
耳朵评分	耳朵和头摆动自如	耳朵可前后摆动	一边耳朵倾斜	两边耳朵倾斜头歪
粪便评分	正常	半成形	软粪	水样粪
断奶时间（天）	<60	60 ~ 90	90 ~ 120	>120

3.7 保健

3.7.1 去角

3.7.1.1 药物法去角

保定牛只；找准角基部位置；剪去角基部周围的毛，并标记位置，将其周围涂抹上凡士林；涂匀药物，1.1 ~ 1.4克（绿豆大小）/角，将其涂抹均匀；去角后跟踪观察，如有严重疼痛（乱撞、惊恐），及时治疗。

注意：在使用去角膏时要戴手套，避免灼伤人员；要注意防止流出的组

织液腐蚀犊牛其他组织。

3.7.1.2 电烙法去角

断奶前检查，药物去角不成功的牛只。保定牛只，尤其是头部；确定两角基部的位置；用2%普鲁卡因溶液做角神经传导麻醉；轻按旋转，角芽周围神经组织受损即可；烫完角后使用5%碘酊消毒处理；跟踪烫角后感染情况，如果有感染情况清洗消毒上药治疗；断奶时复查去角情况并电烙法进行处理；电烙去角后可用5%碘酊外部处理，降低其感染风险。

注意：雨雪天气禁止去角。

3.7.2 切除副乳头

犊牛出生后24小时内，最晚7天。将副乳头周围皮肤依次用5%碘酊棉球消毒、75%酒精棉球脱碘；手术剪用75%酒精棉球消毒；剪去高于副乳基部部位，避免损伤乳腺；剪掉后用10%碘酊严格消毒。断奶时再检查1次，保证犊牛无副乳头、无角。

注意：如果剪副乳头过程有出血现象，使用高锰酸钾外敷止血，必要时跟踪治疗，并做相关记录。

3.7.3 修蹄

修蹄是预防蹄部疾病的重要环节。适时修蹄可以避免早期损伤和四肢构造出现问题。青年牛在进入围产前应对蹄部异常的牛进行选择性修蹄。推荐修蹄时间见表3-19。

3.7.3.1 修蹄时间

表3-19 推荐修蹄时间

生长阶段	修蹄时间
200千克左右的青年牛	确认小母牛怀孕时，从厚稻草地面转入硬质地面前3～4个月
泌乳牛	泌乳天数120～150天； 妊娠天数<180天； 干奶前和泌乳天数>270天； 高产奶牛应增加修蹄次数，泌乳牛通常在挤奶结束后进行修蹄，热应激或多雨季节可考虑减缓进度
转入新建饲养区时	转群前3～4个月

3.7.3.2 修蹄顺序

后内→后外→前内→前外。

3.7.3.3 修蹄标准

① 蹄底和蹄壁角度为45° ~ 50°，前蹄角度45° ~ 47°，后蹄角度47° ~ 50°。② 切除多余的角质，前蹄蹄壁长7.5 ~ 8.0厘米；后蹄蹄壁长7.5 ~ 8.5厘米（根据牛的品种和生长阶段不同有所差异）。③ 蹄底厚度为5.0 ~ 7.0厘米。④ 蹄内外趾的高度应一致（两趾尖平、底平）。⑤ 内外趾凹槽处两侧的高度应保持一致。

3.8 后备牛培育

后备牛饲养分为育成牛、青年牛两个阶段。7月龄至首次配种（13月龄左右）为育成牛；首次配种（13月龄左右）至首次产犊（22月龄左右）为青年牛。

3.8.1 育成牛饲养

3.8.1.1 育成牛常见饲养方式

主要以散栏饲养为主，采用全混合日粮饲喂。育成牛需按体型大小，进行分群饲喂，减少牛群应激。分群不合理，可能造成牛群应激，影响饲料利用效率。饲养密度控制在120%以内，单头牛饲养面积不少于6平方米。通常每天饲喂育成牛1 ~ 3次。

3.8.1.2 育成牛生长发育

育成牛的干物质摄入应占体重的2% ~ 3%，中性洗涤纤维（NDF）约占体重的1%，粗蛋白质（CP）占日粮的14% ~ 15%，并保证可溶性粗蛋白质占日粮的30% ~ 35%。该阶段日增重应达到0.75 ~ 0.85千克，从而使育成牛尽快达到配种要求。

3.8.2 青年牛饲养管理

3.8.2.1 饲养方式与营养需求

以散栏饲养为主，采用全混合日粮饲喂，粗蛋白质（CP）占日粮的13.5% ~ 14%。该阶段日增重应达到0.75 ~ 1.5千克。该阶段应注意奶牛的体况控制，建议的体况为3.25～3.5分，以防止体况过肥导致乳腺中脂肪过度沉积，同时体况过肥可能导致青年牛难产。有条件的，青年围产牛单群饲养。预产前18～24天转入待产舍。后备牛生长发育指标要求见表3–20。

表3–20　后备牛生长发育指标要求

生长阶段	体高（厘米）	胸围（厘米）	体重（千克）
12月龄	>124	>162	>320
13月龄（始配）	>127	>168	>360
18月龄	>131	>173	>465
24月龄	>140	>193	>550

3.8.2.2　青年牛繁育

配种后未返情的应及时进行妊娠检查。28～34天应进行血液孕检，40～46天应进行直肠孕检，90～120天应对初检妊娠母牛进行复检。青年牛推荐的产犊月龄应≤25个月，最佳应控制在22～24月龄。延长初产月龄将会徒增饲料成本，若初产月龄过早可能会降低奶牛未来产量。情期受胎率：常规冻精≥65%；性控冻精≥55%。

3.8.3　后备牛疾病控制

育成牛、青年牛是牧场疾病防控中容易忽视的关键阶段。呼吸系统疾病、营养代谢疾病、肢蹄问题是育成牛主要发病类型。繁殖疾病、营养代谢疾病、呼吸系统疾病、肢蹄问题是青年牛主要发病类型。因此有针对性地做好疫苗注射、疾病防控、治疗、修蹄等工作格外重要。育成牛、青年牛发病率控制指标应符合表3–21。

表3–21　育成牛、青年牛发病率控制指标

项目	育成阶段	青年阶段
死淘率（%）	<1	<0.5
腹泻发病率（%）	<2	—
肺炎发病率（%）	<1	<1
流产率（%）	—	<3

3.9 奶牛围产期饲养

3.9.1 围产前期（干奶后期，产前21天至分娩）

3.9.1.1 体况评分

奶牛每周进行体况评分，体况评分应为3.0～3.75分，高产牛群以3.25～3.50分为宜。体况评分低于3.0分的奶牛应预防能量负平衡，体况评分高于3.75分的奶牛应预防难产、生产瘫痪、胎衣不下等疾病。

3.9.1.2 孕牛转入产房

（1）在转入产房前应检查奶牛健康状况，并用消毒液刷洗消毒奶牛后躯、尾部、外阴和乳房。

（2）在奶牛分娩前1周转入产房单栏饲养。产房保持安静，昼夜设专人值班，注意观察牛只状况；根据预产期做好产房、产间和助产器械工具的清洗消毒等准备工作。

（3）产房每天清扫消毒1次，垫草定期更换。值班人员应每天多次观察临产征兆，并做好接产准备。提倡自然分娩。

3.9.1.3 科学饲养

在奶牛分娩前1周，应饲喂优质干草等粗饲料。依据乳房水肿情况逐渐增加精料饲喂量，乳房水肿较重、体况过肥的奶牛应适当减少精料喂量，临产时精料最大喂量以不超过体重的1%为宜。

日粮应以优质禾本科粗饲料为主，做好干奶牛与新产牛的日粮过渡。干物质采食量应占体重的1.7%～2.0%，保持日粮粗蛋白质水平14%，产奶净能5.25～5.50兆焦/千克。应注重日粮中矿物质、微量元素和维生素的营养平衡，减少产后代谢性疾病的发生。

3.9.1.4 分娩前监护

在奶牛临产前产房应安排专人昼夜值班，全天监视奶牛健康状况和分娩征兆。

3.9.1.5 疾病监测

在奶牛分娩前1～2周，应监测奶牛血钙、β-羟丁酸等血液生化指标，预防奶牛产后瘫痪、酮病等疾病的发生。

3.9.1.6 疾病预防

在奶牛围产前期，应适量补充微量元素硒和维生素E，预防奶牛胎衣不下和乳房炎。在奶牛分娩前1周，每天用0.1%高锰酸钾溶液进行外阴及尾根处消毒2次；检查奶牛乳房健康状况，并开始药浴乳头；在奶牛临产前应补充钙制剂，预防奶牛生产瘫痪等疾病。

3.9.2 分娩期

3.9.2.1 分娩征兆监视

注意监视奶牛分娩征兆，做好接产准备。出现12小时内分娩征兆，预示奶牛即将分娩，应做好接产准备。

12小时内分娩征兆观察：奶牛喜离群独处，警觉敏感，不安，频频起卧，回视腹部，间歇性举尾，尾骨偏离正中，骨盆韧带松软，尾根两侧凹陷，阴门流出黏液，黏液清凉，流动性强，排便次数增多，量少，频繁排尿。

3.9.2.2 奶牛接产

接产员应严格遵守兽医卫生操作规程。在奶牛胎膜露出后至胎水排出前，接产员应将手臂伸入产道，检查胎牛胎姿是否正常。如胎位正常，即两前肢夹着头的姿势，可尽量待其自然分娩，胎牛姿势异常应及时矫正。

3.9.2.3 难产牛助产

发生下述情况中一种，应检查奶牛产道和胎位，尽快作出正确诊断，并采取相应的助产措施。① 在奶牛分娩进行2～4小时胎牛前肢仍未露出；② 羊水已破1～2小时仍不见胎牛露出肢体；③ 露出胎膜和前肢30分钟以上胎牛仍不能产出；④ 犊牛舌头发紫。

犊牛在出生时的助产方式对犊牛健康和未来的生产表现均有一定的影响。产犊评分细则为：① 1分，未助产。② 2分，1人体外助产。③ 3分，1人体内助产。④ 4分，多人体内助产。⑤ 5分，手术助产。

产犊评分每提高1分，该犊牛未来的单胎产奶量降低100～200千克。产犊评分高预示着奶牛在临产时的体况过肥或过瘦。

3.9.2.4 新产牛护理

（1）驱赶站立。奶牛分娩后应立即驱使站立，助产奶牛可人工牵遛运动，以减少产道出血，防止子宫外翻和产后神经麻痹，有利于子宫复原和机体恢复。

（2）清理卫生。奶牛分娩后应及时用温热消毒液清洗后躯、尾部、乳房、腹部和两肋的污物，并擦拭干净。清除产房沾污的垫草和粪便，地面和产床冲洗消毒后应铺上消毒的厚垫草。

3.9.2.5 难产牛预防子宫感染

难产奶牛分娩后应用1%高锰酸钾溶液冲洗产道及阴户周围。产道损伤奶牛必要时应进行手术缝合，局部涂碘甘油等药剂，视情使用抗菌药治疗，产道出血可注射止血剂。

3.9.3 围产后期（分娩至产后21天）

3.9.3.1 补充营养，恢复体质

分娩1小时内，肌内注射维生素ADE注射液10毫升，肌内注射缩宫素100单位。奶牛分娩后2小时内可灌服大补液（固体丙二醇、丙酸钙、酵母培养物、过瘤胃胆碱、氯化钾、氯化钠、硫酸镁等）35～40升。宜饮用益母草红糖温水、麸皮水或生化汤，促进奶牛恶露排出，加快奶牛体质恢复，提高繁殖力。在奶牛分娩后及分娩后1周应补充钙剂，预防产乳热（生产瘫痪）。围产后期奶牛精料添加不能过快、过急，避免引起瘤胃酸中毒。

3.9.3.2 挤奶

奶牛分娩后2小时内挤奶，查看初乳颜色，并用初乳比重计或折光仪检测初乳质量。在4～7日时检测每个乳区的隐性乳房炎感染状况。

挤奶要遵守挤奶操作规程。初次挤奶应在奶牛分娩后2小时左右进行，挤出乳汁立即饲喂新生犊牛。第1天挤出1/3～1/2量，以后挤奶量逐渐增加，第2天挤出1/2量，第3天挤出2/3量，第4天挤出3/4量，第5天全部挤净。

3.9.3.3 适时转群

分娩奶牛应在产房内护理1～2天，健康奶牛可转入新产牛舍。新产牛舍饲养密度不得超过80%，每头牛采食栏位宽度至少75厘米。在奶牛分娩后2周，如奶牛食欲和消化正常，恶露排净，乳房水肿消失，可转入大群，按泌乳期日粮营养标准饲养。

3.9.3.4 科学饲养

在奶牛分娩后1周内，提供优质、易消化的豆科和禾本科牧草及优质青贮。保证充足的采食时间，确保最佳干物质采食量，新产牛产后21天采食量应达到17千克，经产牛应达到19千克。

TMR日粮粗蛋白质17%～18%，产奶净能7.00～7.20兆焦/千克，中性洗涤纤维30%～33%，酸性洗涤纤维19%～21%。饲料转化效率达到1.6以上。围产期奶牛日粮营养水平参见表3-22。

为防止分娩后能量负平衡及酮病发生，分娩后健康奶牛应逐渐增加精料饲喂量。奶牛产后应从阴离子型日粮转为阳离子型高钙日粮。新产牛产后如果食欲不振或体重下降过快，应立即灌服40升由麸皮、盐水、丙二醇、丙酸钙等配制的混合溶液。体况评分值以2.75～3.25分为宜。

表3-22 围产期奶牛日粮营养水平

日粮营养指标	产前14～21天	产犊后	
		经产牛	初产牛
干物质采食量（DMI）	2.0%体重	2.5%～3.4%体重	2.5%体重
粗蛋白质	12%～13%	14%～15%	15%～16%
非结构碳水化合物	34%～36%	35%～40%	35%～40%
中性洗涤纤维（NDF）	30%～35%	25%～30%	35%～40%
酸性洗涤纤维（ADF）	20%～25%	20%～25%	20%～25%

围产期奶牛日粮应适当增加维生素的含量。围产期奶牛维生素推荐量见表3-23。

表3-23　围产期奶牛维生素推荐量

维生素	生理功能	每日给量
维生素A	预防乳房水肿和胎衣不下	10万IU
维生素D	预防乳热症，促进Ca和P利用	4万IU
维生素E	预防胎衣不下和乳房水肿	1 000 IU
烟酸	预防酮血症	6～12克

3.9.3.5　疾病监测与预防

产后监控应关注难产、双胎、胎衣不下、产褥热（产后热）以及产前体况评分超过4分的奶牛，监控其干物质采食量、产奶量、体温等指标，并定期监测血酮含量。奶牛产后1周内进行体温、食欲、瘤胃蠕动、子宫、乳房等方面的健康检查及牛奶质量检测，正常牛可出产房，并做好交接手续；异常牛应单独处理。

（1）监视胎衣。在奶牛分娩后3小时内，要监视奶牛努责状况，确定子宫内是否还有胎牛，或有无子宫脱出征兆，同时检查奶牛产道是否有损伤和失血，如有损伤和失血应及时处理。① 产后5小时胎衣仍未下时，应采取肌注催产素或PG的方法进行处理；② 产后12小时胎衣仍未下时，应进行辅助治疗；③ 产后24小时胎衣仍未下时，应及时治疗。胎衣脱落后检查胎膜是否完整，尤其要注意对空角尖端的检查。如发现有部分绒毛膜或尿膜仍留在子宫内未排出，应及时向子宫内投药。

（2）观察奶牛行为。在奶牛分娩后1周内，每天观察奶牛临床症状，以早晨挤奶后观察为宜。重点观察是否出现精神沉郁、食欲废绝、卧地不起、眼眶深陷、鼻镜干燥、反刍减少、乳房肿胀、瘤胃充盈度差、粪便稀少、弓背、举尾、努责、子宫排出异常恶露等症状。

（3）监测血钙。产前1～3天及分娩后1～3天，监测血钙水平。奶牛血钙浓度<2.0毫摩尔/升的，应补及时充钙制剂。血钙浓度<1.5毫摩尔/升的，应采取低钙血症治疗措施。患有亚临床低钙血症的奶牛更易引起酮病、脂肪肝和能量负平衡等疾病。血液离子钙（iCa）浓度与健康状况见表3-24。

表3-24 血液离子钙（iCa）浓度与健康状况

iCa（毫摩尔/升）	状况
>2.0	正常
1.4～2.0	亚临床型低血钙
<1.4	临床型低血钙

（4）监测体温。正常体温38.0～39.5℃。产前3天至产后7天，每天早晚各测1次。产后2～3周每天测1次，体温异常牛应继续监测，直至体温正常为止。头胎母牛体温>39.3℃、经产母牛体温>39.5℃，即诊断为发热。发热奶牛应进行子宫炎、乳房炎等炎性疾病的诊治。体温正常奶牛出现食欲降低，精神萎靡等症状，应进行真胃变位、酮病、低血钙等疾病的诊治。

（5）监视恶露。在奶牛分娩后监视恶露变化。奶牛阴道排出蛋清状或乳状、黏液性或脓性恶臭分泌物时，应进行子宫或阴道炎症的诊治。产后两周应注意观察恶露变化情况（表3-25）。

表3-25 正常恶露变化情况

分娩后天数	恶露性状	恶露排出量（毫升/天）
1～3	黏稠，带血，清洁透明，（暗）红色	大于1 000
4～11	较稀，带胎衣颗粒碎片或血凝块，黄（红）褐色	约500
11～12	较粘，带血，清洁透明，红色或暗红色	约100
13～15	较黏稠，牵缕状，清洁透明、橙色	约50
16～20	黏稠，清洁透明	小于10

（6）监测酮体。在产后1周、2周和6周，监测尿液pH值和血液β-羟丁酸（BHB）浓度。尿液pH>6.5，应加大阴离子盐饲喂量；尿液pH<5.5，应降低日粮阴离子浓度，预防酮病和瘤胃酸中毒。血清β羟丁酸>1.2 mmol/升，可能患有亚临床酮病，应注意预防发生酮病。奶牛酮病的类型与血液指标见表3-26。

表3-26　奶牛酮病的类型与血液指标

酮病类型	Ⅰ型酮病	Ⅱ型酮病	富含丁酸青贮性酮病
发病原因	采食不足（DMI）	肥胖	青贮质量差
血液（BHB）（毫摩尔/升）	≥3.0	≥3.0	≥3.0
血液（NEFA）	高	高	偶尔高
血糖	低	低	不确定
体况	可能瘦	多数肥胖	不确定
肝糖原异生	高	低	不确定
肝脏病理	无	脂肪肝	不确定
高发阶段	产后3～6周	产前1～2周或产后1～10天	不确定

注：BHB是指血清β-羟丁酸，NEFA是指非酯化脂肪酸。

3.9.3.6　乳房健康监测

分娩后奶牛应建立隐性乳房炎及乳汁体细胞监测制度，每月监测1次。乳汁体细胞数超过25万个/毫升的奶牛应进行乳房炎治疗。

3.10　高产奶牛群饲养

3.10.1　泌乳盛期（产后21～100天）

3.10.1.1　TMR日粮饲喂和营养水平

泌乳盛期增加TMR投喂次数与推料次数。TMR日粮营养水平：粗蛋白质16%～18%、赖氨酸与蛋氨酸比例为3∶1、钙0.7%、磷0.45%、产奶净能7.20～7.40兆焦/千克、中性洗涤纤维30%～33%、酸性洗涤纤维20%～22%，其中来自粗饲料的中性洗涤纤维占70%以上。饲料转化效率达到1.5以上。

3.10.1.2　营养调控

营养调控措施：① 可添加植物源性脂肪产品（过瘤胃脂肪、膨化大豆或全棉籽等），也可在精饲料中加入1.0%～1.5%小苏打和0.5%氧化镁等缓冲剂。② 可补充过瘤胃烟酰胺、过瘤胃蛋氨酸、酵母（酵母培养物）或糖蜜类产品等。

3.10.1.3 体况控制

体况评分值以2.75～3.00分为宜。体重650千克的奶牛，体况评分值（BCS）下降一个单位可提供417兆卡，相当于564千克4%标准奶。1BCS相当于84.6千克体重。生产期内奶牛生理生长变化规律见图3-19。

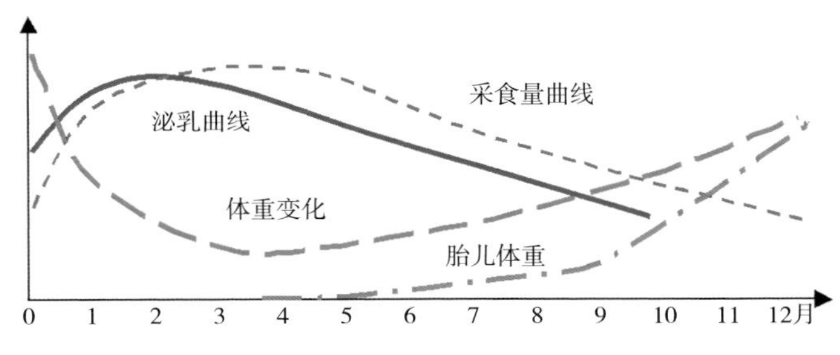

图3-19 生产期内奶牛生理生长变化规律

3.10.1.4 配种

做好奶牛产后发情监控，及时配种。高产奶牛自愿等待期应大于50天。自愿等待期是指奶牛产犊后，为了恢复子宫机体功能，即便发情也不宜进行配种的这段时间。

3.10.2 泌乳中后期（产后101天至干奶）

3.10.2.1 TMR日粮饲喂和营养水平

控制精料饲喂量。TMR日粮营养水平：日粮粗蛋白质14%～16%、产奶净能6.20～6.70兆焦/千克、中性洗涤纤维35%～45%、酸性洗涤纤维22%～24%。饲料转化效率达到1.3以上。

3.10.2.2 妊娠检查

产后100天左右，应检查奶牛是否妊娠。

3.10.2.3 体况控制

体况评分值以3.00～3.25分为宜。

3.10.3 干奶前期（干奶至产前21天）

干奶前10天，应进行妊娠检查和隐性乳房炎检测，确定妊娠和乳房正常后方可进行干奶；并调整日粮，逐渐减少精料和青贮饲料供给量。采用快速干奶法，最后一次挤奶将奶挤净，乳头消毒后，注入专用干奶药，转入干奶牛群，并注意观察乳房变化，做好乳房保健工作。干奶牛日粮应以中等质量粗饲料为主，干物质采食量占体重的2.0%～2.5%，日粮粗蛋白质水平为11%～12%，钙0.6%，磷0.3%，产奶净能5.50兆焦/千克。做好肢蹄的修整和护理工作。体况评分值以3.25～3.50分为宜。

3.11 奶牛群保健目标

牛群的保健主要指奶牛健康状况所要达到的标准。保健控制目标对于一个牧场来说是非常必要的。奶牛群保健目标见表3-27。

表3-27 奶牛群保健目标

序号	指标	控制目标比例（%）
1	全年牛总淘汰率	20～25
2	全年牛死亡率	<3
3	乳房炎治疗牛数量占产奶牛数量	<1
4	8周龄以内犊牛死亡率	<5
5	育成牛死亡率、淘汰率	<3
6	全年妊娠母牛流产率	<8
7	产奶指数（MPI）	>7.9

注：产奶指数指成年母牛1个泌乳期的平均产奶量与其平均体重之比。

4 数智技术集成及应用

奶牛数字化、智能化技术（简称数智技术）的应用将对奶牛良种繁育、挤奶管理、精准饲喂、环境控制、疾病防控、数据化绩效考核等关键生产环节技术难题破解起到巨大的推动作用。人工智能与奶牛养殖深度融合的健康智慧养殖是大势所趋。未来奶牛养殖管理必将向“挤奶数据化、饲养精准化、管理智能化”的模式发展。

4.1 信息采集载体

无线射频识别（RFID）是一种通过交变磁场、电磁场利用射频信号将信息以非接触方式进行双向数据通信，并通过其负载的电子标识信息数据来实现目标对象自动识别的技术。RFID技术具有非接触、抗污染、多连接、唯一性的特点，在牧场应用越来越广泛，与牧场的饲喂管理、挤奶管理、育种管理、个体精准管理、转群管理以及智能监控系统等形成信息连接，有效地提升了牧场的整体运营效率。载体主要有电子耳标（无源）、计步器和项圈（有源）。

4.1.1 电子耳标

通过佩戴RFID电子耳标（图4-1），记录个体身份（ID）编号，连接计数、称重设备等，可进行群体盘点、测温定位、称重及转群管理等工作，实现牧场牛群信息化管理。

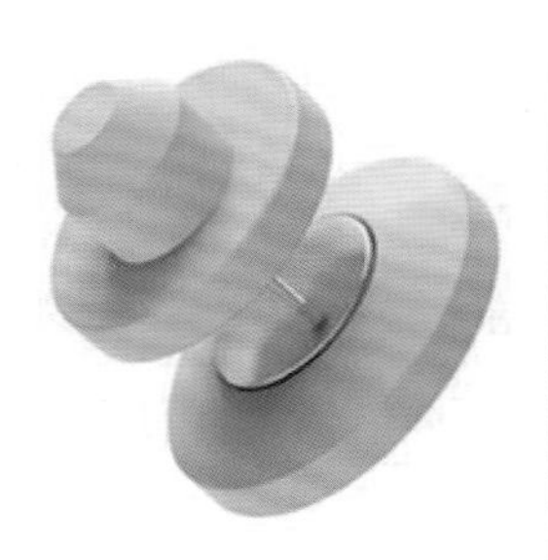

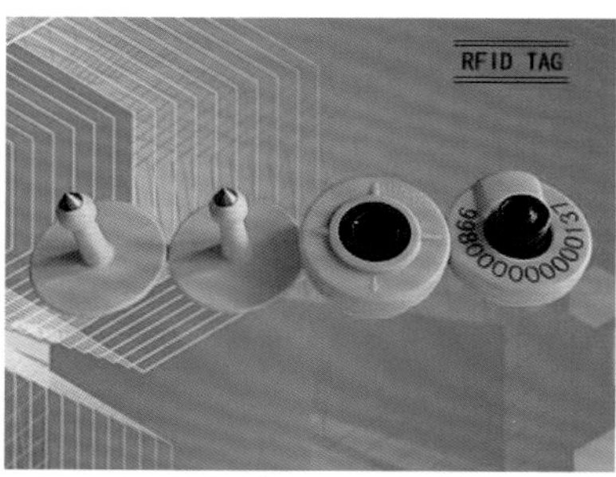

图4-1　电子耳标

4.1.2　计步器

给青年牛和泌乳牛安装计步器（图4-2），通过牧场或挤奶厅安装的感应器自动识别牛号并记录当天的活动量（图4-3），实时监测牛只活动量、躺卧等数据，还能辅助配种员进行发情鉴定，提高发情鉴定率，对牧场制定配种工作计划具有重要指导作用。

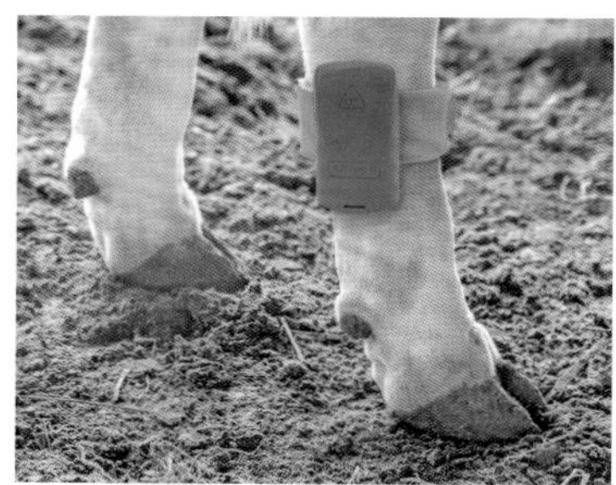

图4-2　计步器佩戴

图4-3　牛号感应识别与计步无线传输

新一代的计步器还可以及时揭发流产牛，通过躺卧时间监控奶牛舒适度，通过计步器活动量数据与躺卧信息综合分析（图4-4），监测奶牛产犊的预警尤其是难产的预警。相比传统人工观察发情，智能化发情监测装备的应用极大地提高了发情揭发效率，减少牛群空怀牛的比例。应定期检查和维护计步器，例如，头胎牛处在生长期时，牛脚踝会不断长粗，因此头胎牛停奶时，须将计步器取下，以免将牛脚踝勒肿；当计步器绑带与牛蹄缝隙间充满杂物时，也易对牛肢蹄造成磨损，导致奶牛跛行。

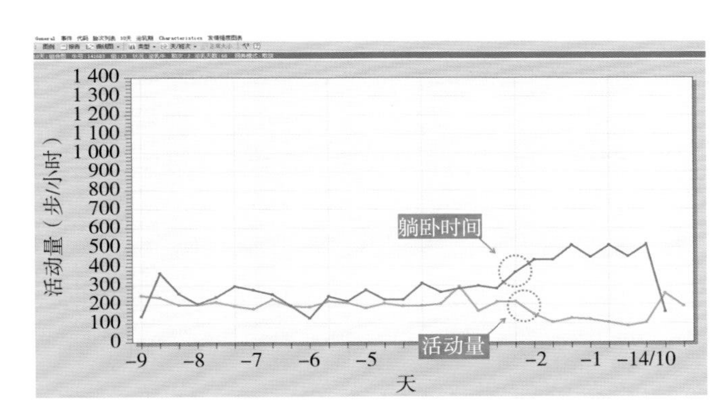

图4-4　计步器活动量数据与躺卧信息综合分析

4.1.3　项圈

给奶牛佩戴项圈（图4-5），不仅具备牛号识别的功能，还可以实时记录每头牛的活动量、反刍、采食、喘息等数据，为分析奶牛繁殖、饲喂、健康状况和建立完整的全生命周期奶牛数字化生产数量、病历和系谱提供支持。

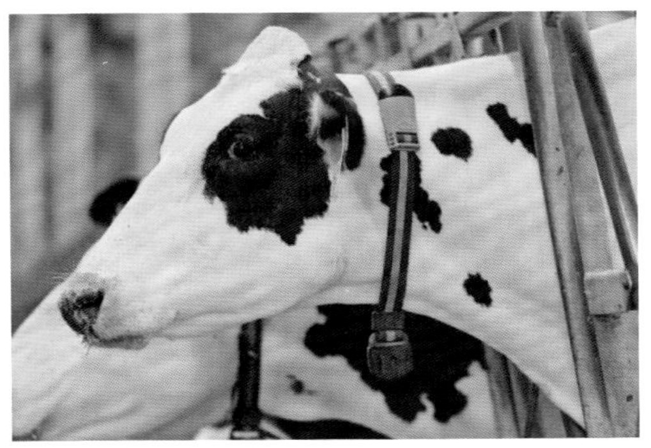

图4-5　奶牛项圈

4.2 奶厅数智化管理

4.2.1 身份（ID）识别

奶厅牛只身份（ID）识别率和识别准确率、数据精准收集与分析管理、高效健康挤奶，是牧场数字化奶厅建设的关键三要素。将每个挤奶点位的传感器收集的牛奶信息与对应牛只ID进行正确匹配，是数字化奶厅的核心技术。通常记录牛号等信息载体在奶牛挤奶时，通过奶厅的接收器（感应器）将信息传递至计算机分析系统。

奶厅分为：并列式、鱼骨式、转盘式。三种方式都可通过电子耳标、计步器、项圈三种电子标识进行识别，且可分为入口识别和在位识别。

4.2.1.1 入口识别

奶厅每一侧入口处只有一个感应器，进入该侧奶台挤奶的牛只有通过入口时才会被识别，也叫入口式识别。对入口识别来说，识别准确率较在位识别低。图4-6所示，假设1号牛没有识别，挤奶位1上显示的是2号牛的牛号，而产量仍然是1号牛的，从而导致匹配错误。说明入口识别式奶厅，当这一列牛识别率为100%时，都可以匹配产量，如果识别率不是100%，例如1号牛未识别，挤奶位1上会出现2号牛的产奶，之后连环错误，数据的错误分配问题很严重。转盘式挤奶入口识别：是在转盘入口处放置项圈和电子耳标识别感应器，

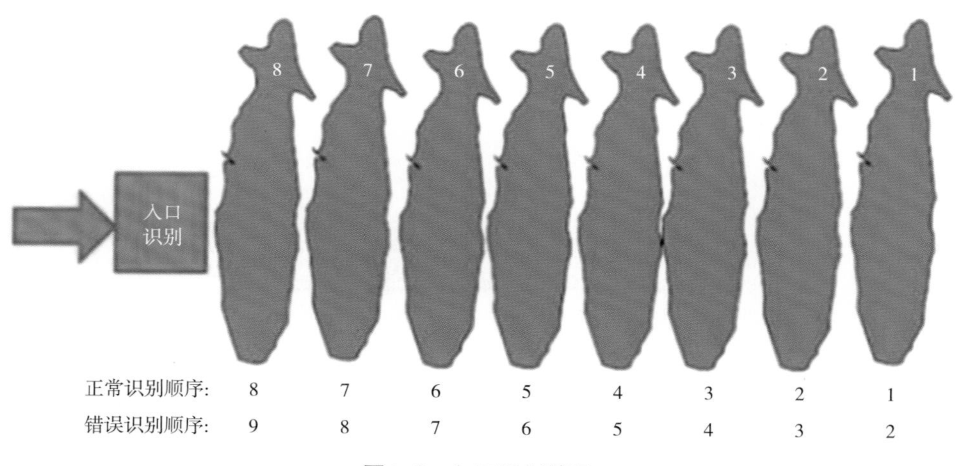

图4-6 入口识别情况

牛号在入口处识别，转盘需要感应牛是否进入牛位，以逻辑计算的方式将牛位与牛号进行匹配，很容易发生错误，识别率和识别准确率都比较低。

4.2.1.2　在位识别

奶厅每个挤奶位都有识别系统，是一一对应的。如一个牧场中2×20挤奶位，识别率为98%，100头泌乳牛，分5列挤完，未识别牛不会影响其他牛的识别问题，如果识别率有98%，识别准确率为100%。在位识别的准确率很高，不会存在交叉识别和数据错误分配的问题。并列式挤奶厅在位识别、鱼骨式挤奶厅在位识别见图4-7a、图4-7b。

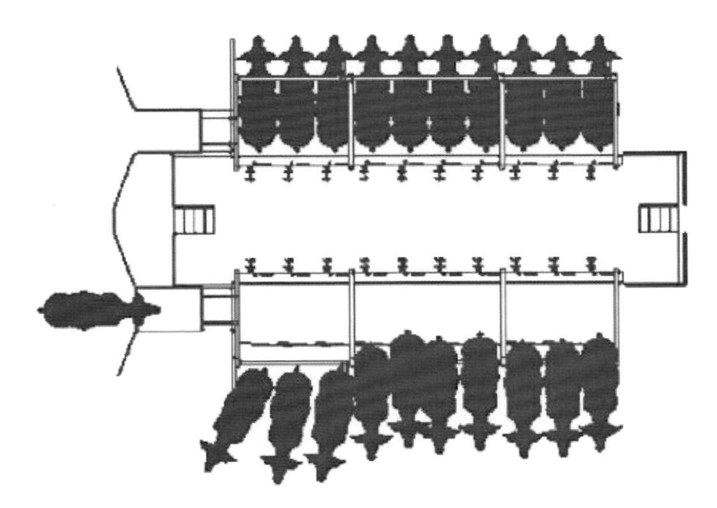

a. 并列式挤奶厅

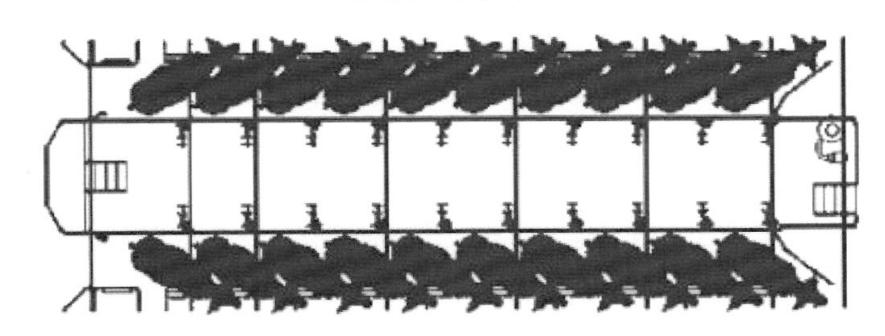

b. 鱼骨式挤奶厅

图4-7　在位识别

转盘式挤奶厅（图4-8）在位识别：指牛进入牛位时，同时识别牛号和牛位，并进行精准匹配，不会出现错位情况。项圈或计步器识别是指牛进入转

盘，固定在某个位置上，在转动过程中，逐一通过式识别，在某种程度上来说是指在位识别和有源（主动发射），识别准确率很高。电子耳标也出现在位识别，不过由于是无源（被动发射）抗干扰能力较差，容易出现交叉识别，识别准确率较低。

图4-8　转盘式挤奶厅

4.2.2　数据精准收集与分析管理

牛只在奶厅挤奶时，项圈或计步器身份数据通过奶厅挤奶位上的感应器识别记录（图4-9），传输到信息管理平台。系统会结合奶厅牛奶电导率、挤奶时长、产奶量数据的变化，分析牛只的健康状况和生理变化情况。

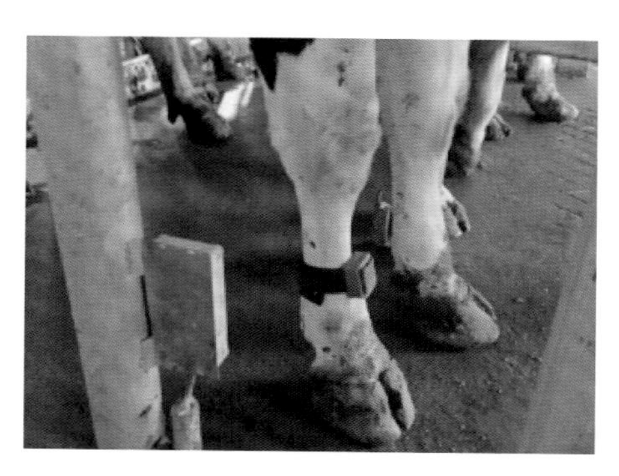

图4-9　计步器与奶厅接收器信息传递

佩戴计步器进行发情自动揭发，产后自然发情使用计步器揭发率比例明显高于传统人工观察方式。通过手机终端，可以实时查看发情牛情况，适时进行配种，如图4-10所示。由于有了更精准的配种时间，在提高受胎率的同时，也减少了激素用量和费用。

图4-10　手机终端查看发情牛报告

通过计步器与智能化奶厅系统，不仅可以辅助鉴定发情（图4-11）、监测肢蹄状况（图4-12），还能够及时揭发早期流产。

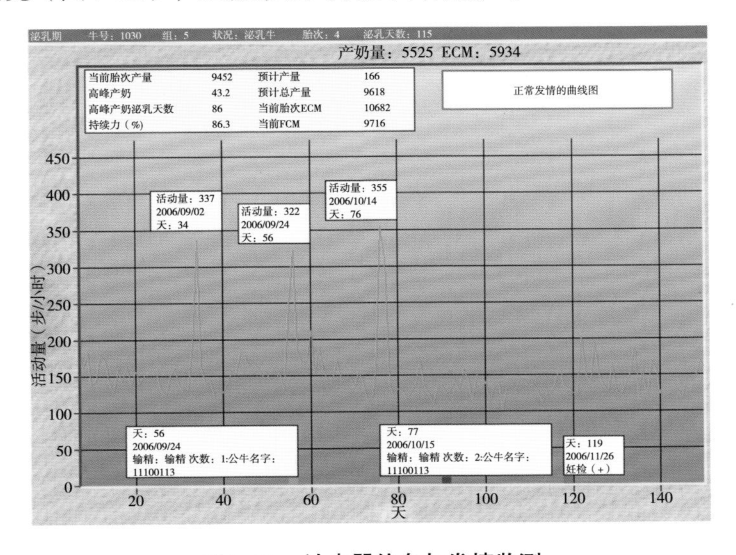

图4-11　计步器信息与发情监测

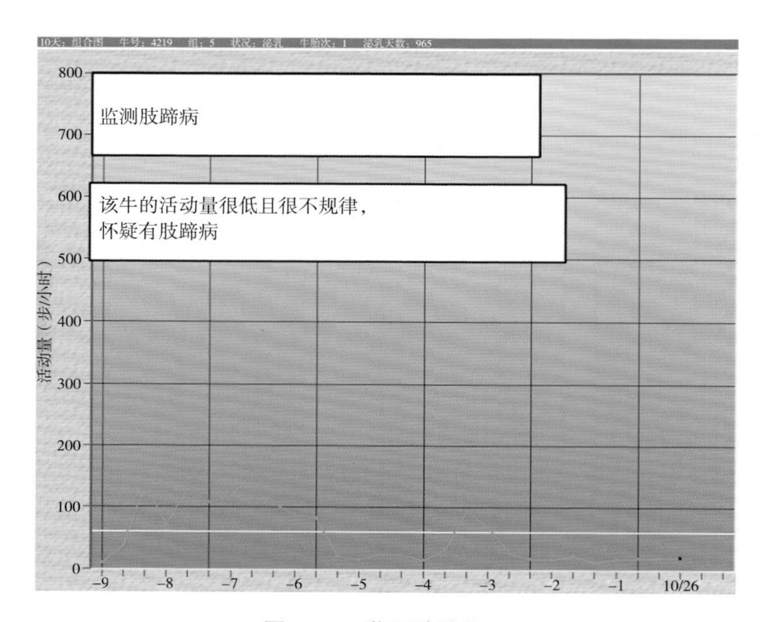

图4-12　监测肢蹄状况

怀孕的牛是不发情的，一旦发情，说明这头牛已经流产。计步器密切监测怀孕牛的活动量变化，一旦发现可能流产的牛，系统将发出警报。如图4-13所示，是一个流产牛的活动量曲线图。

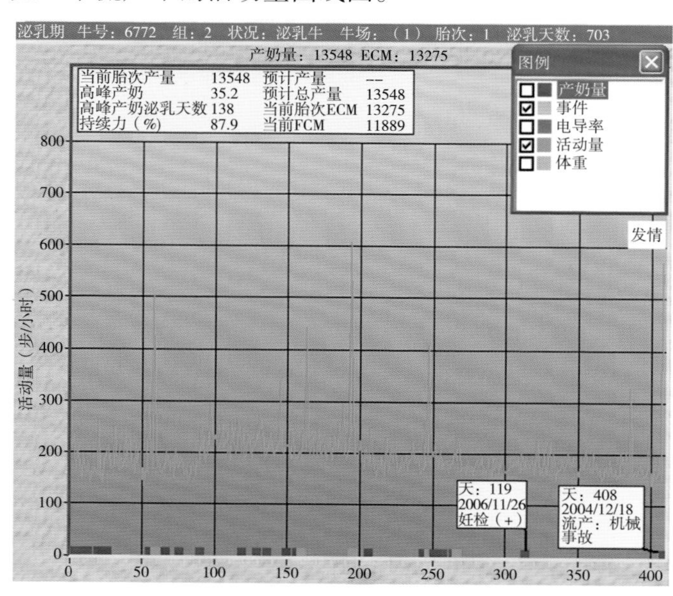

图4-13　计步器活动量数据与流产信息综合分析

奶厅管理人员依靠挤奶效率报表进行奶厅管理和分析，通过挤奶曲线评估挤奶流程和操作是否到位，通过不正常挤奶报告追溯奶厅异常挤奶操作，通过站台监控检查是否有挤奶位故障预警，通过奶厅原位清洗（CIP）清洗流程监测（图4-14）报告，实时监测奶厅清洗剂浓度、水量、温度等参数并预警等。

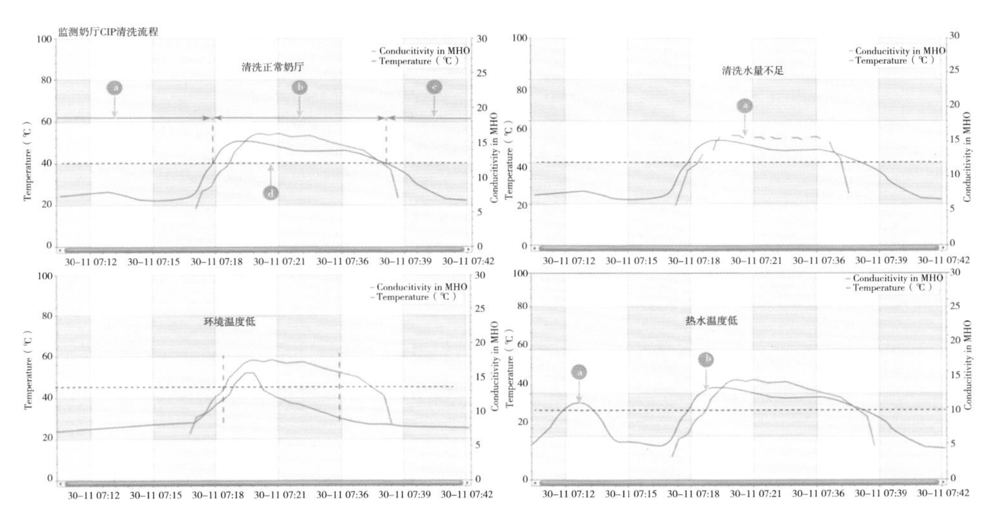

图4-14　奶厅CIP清洗流程监测

通过疾病报告数据分析，将疑似乳房炎牛、消化疾病牛、需要检查的新产牛、疑似蹄病牛等打印出单，并发送分群门指令，做到早期揭发，减少抗奶和降低被动淘汰，不再依靠兽医巡舍揭发病牛，兽医只需要拿着单子在分群门等着牛自动分隔处理即可。

4.2.3　高效健康挤奶

4.2.3.1　挤奶控制系统

挤奶点控制器（图4-15）在每个挤奶点对整个挤奶过程进行全面控制，其操作便捷，可以显示在挤奶牛的牛号、电导率、组别、流速等信息。同时还可以与挤奶工人机互动，通过软件的智能设置，通过挤奶点控制器提示挤奶工是否存在抗生素牛，瞎乳区牛等功能，而且还可以针对牧场某一群特殊的牛设置特殊的挤奶参数。

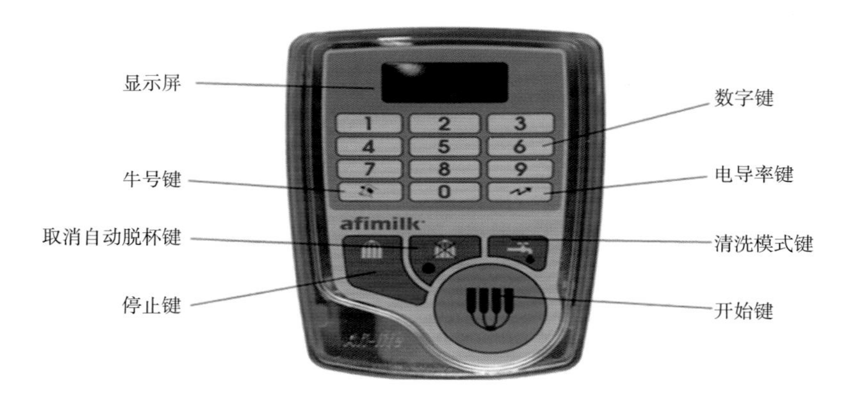

图4-15　挤奶点控制器

4.2.3.2　自动计量系统

挤奶机自动计量系统分为通过式计量和容积式计量。电子计量器（图4-16）可以提供一系列支持功能和操作员辅助警报，例如，挤奶流速及真空波动、自动脱杯、电导率监测等功能。

应用电导率传感器对乳腺炎进行早期有效的监测，可以有效减少由于乳房疾病导致的损失。通过式计量会持续产生很多气泡或者泡沫，导致所测量电导率值与实际牛奶电导率偏差较大。而容积式计量是满一定体积才排放，电导率是在牛奶液态内部的静态测量，而且通过敏感计算可以规避牛奶表层气泡的影响，如果电导率没有被测量出来，牛奶是不会排放的。所以容积式计量器内的牛奶内部完全没有气泡和泡沫，因此可以得到精确的电导率数值。

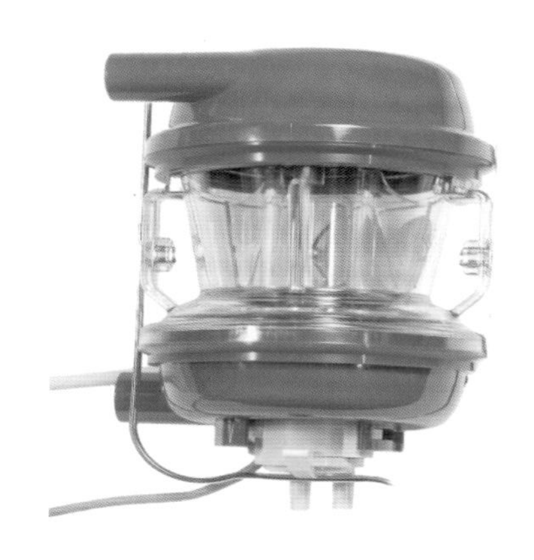

图4-16　电子计量器（容积式计量）

4.2.3.3 电导率在线检测

电导率是指牛奶导电的能力，它可以很精准地早期揭发奶牛疾病。通过监测每个班次每头牛的电导率，并且可以与过去的电导率平均值进行比较，可以快速知道电导率是否变化。健康奶牛的电导率一般会维持在一个平稳的水平，当乳房受到感染出现隐性乳房炎时，其电导率会急剧升高，患有乳房炎的牛奶电导率升高是因为牛奶中Na^{+}和Cl^{-}的升高以及K^{+}和乳糖的降低。隐性乳房炎通常难以发现，临床乳房炎多数是由挤奶工挤前3把奶时发现，如图4-17所示。

图4-17 传统乳房炎观察

通过电导率和产奶量分析，如图4-18所示，电导率下降，产奶量下降，表明该头奶牛消化方面出现问题；如图4-19所示，电导率升高，产奶量下降，表明该头奶牛乳房健康状况出现问题。可通过系统分群门管理设置，挤奶后隔离出该牛只进行单独检查诊断，及时进行治疗。

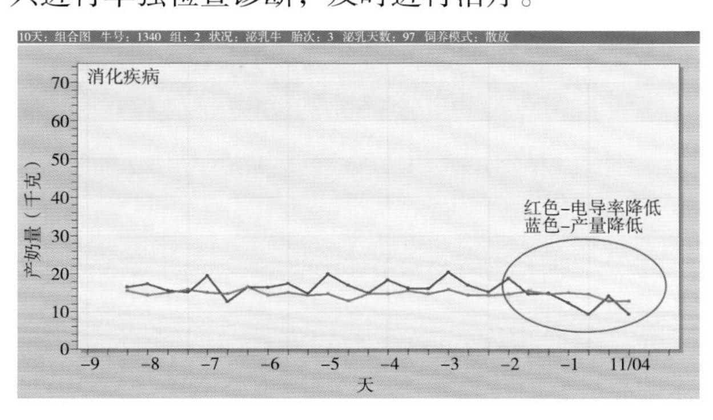

图4-18 牛只电导率和产奶量数据变化——消化疾病揭发

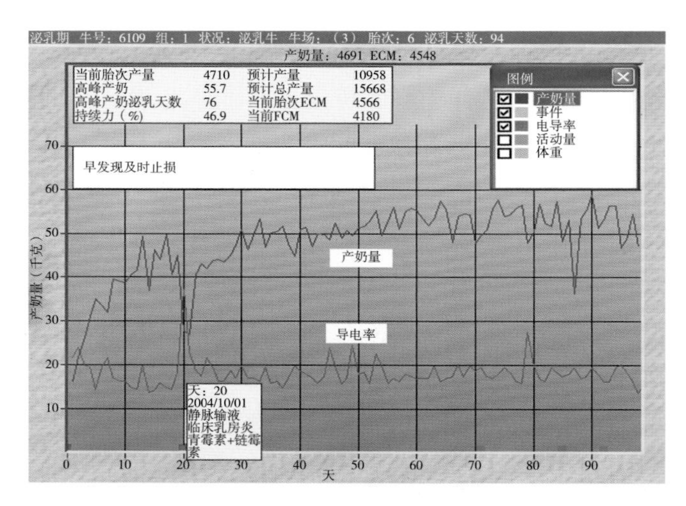

图4-19 牛只电导率和产奶量数据变化——乳房炎疾病揭发和治疗

4.2.3.4 乳成分在线监测

乳成分在线监测安装在每个挤奶位的电子计量器和主奶管之间，可以检测每头牛牛奶中的含血量、乳脂、乳蛋白和乳糖成分。图4-20所示阿菲金魔盒可以连续收集数据的功能不仅实现了实时在线挤奶监控，而且能够揭发出需要特殊关注的牛只，对有问题的牛奶分离管道，也能为饲喂营养和育种改良提供参考数据。

图4-20 乳成分在线监测（魔盒）

利用牛奶产量、电导率、产奶效率和牛奶成分的综合数据，牧场管理者可以在早期发现主要疾病：亚临床酮症、早期瘤胃酸中毒、亚临床乳腺炎及消化问题。

4.2.3.5 物联网信息技术集成应用

奶牛厅（图4-21）安装牛号感应识别器、牛奶电子计量器、乳成分在线检测器等，应用挤奶厅物联网信息技术（图4-22），实现牛号自动在位识别，泌乳牛进入挤奶位时，牛只所佩戴的项圈或计步器与挤奶位的感应器对应识别，每头牛产奶量，乳成分、电导率在线检测和实时传输到软件数据库，软件系统自动分析出每头牛的挤奶情况、繁殖情况、采食和消化和乳房健康状况，牧场管理者可以实时监测奶牛生产与健康状况，对脂蛋白比异常，电导率较高的个体牛只，采食和消化不正常的牛只，及时进行诊断治疗处理，防止病情加重、预防疾病的发生。

图4-21 挤奶厅

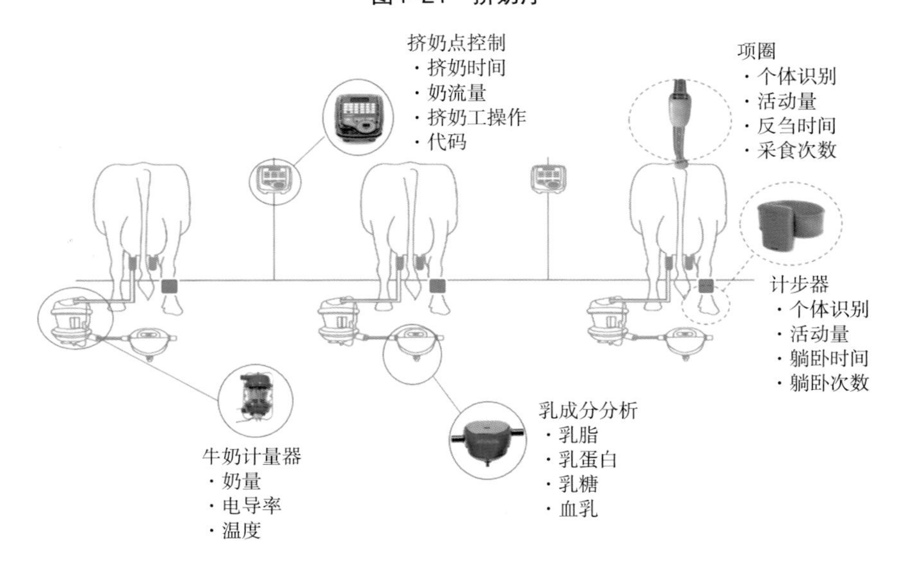

图4-22 挤奶厅物联网信息技术应用

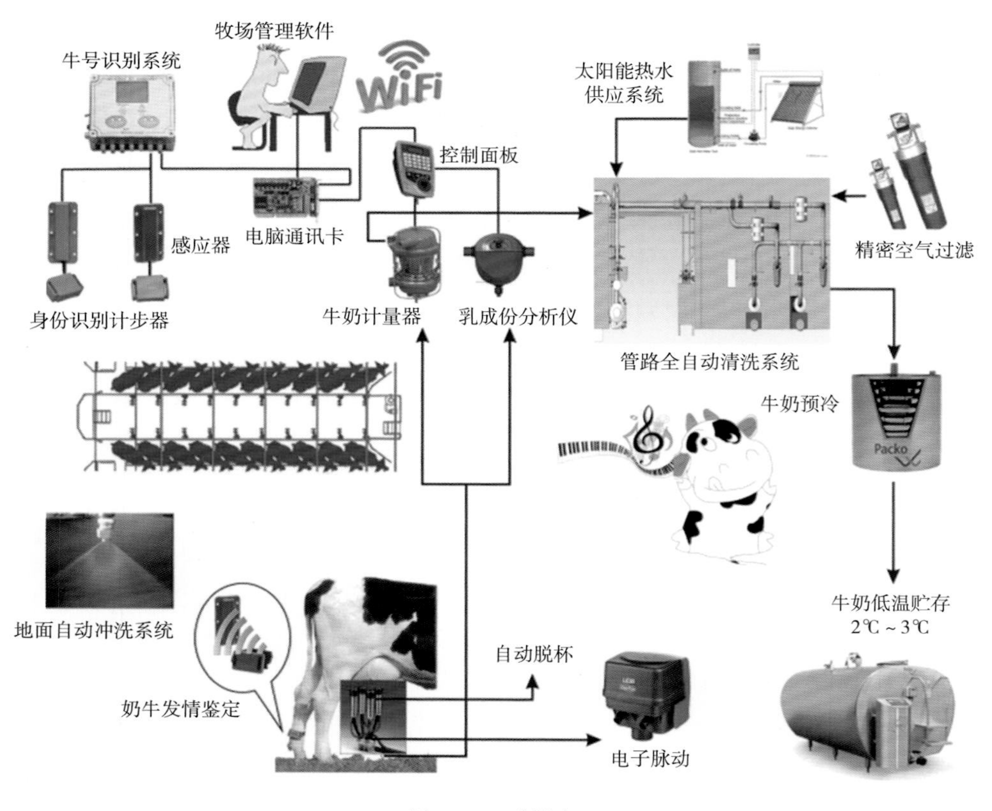

图4-22 （续）

4.3 精准投喂

4.3.1 牛群日粮配制

牛只营养需要量需要结合牛只的产奶量、乳成分、体重和体况、采食、饲料转化率等数据，结合奶牛营养需要量模型（CNCPS模型或NRC模型）估算，利用配方软件，结合牛群信息管理，配制牛群日粮营养水平和组分比例。

然而，电脑配方与生产操作配方往往由于生产人员操作和监管不到位，奶牛实际采食日粮配方往往与电脑配方差异较大。在TMR饲料搅拌车上加装电子称重显示器（图4-23），TMR各组分在线称重添料，通过TMR饲料投喂无线传输系统（图4-24），可以实现电脑和手机终端实时监控，保证电脑配方与生产配方的一致性。

图4-23 TMR饲料搅拌车电子称重显示器

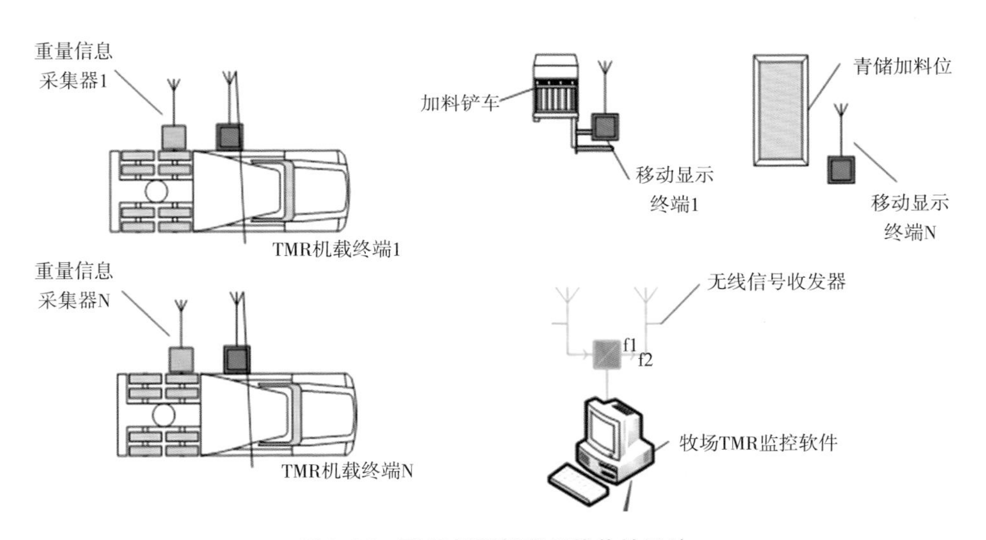

图4-24 TMR饲料投喂无线传输系统

4.3.2 自动推料机器人

为保证奶牛采食量，应及时进行推料。有条件的牧场可以配置自动推料机器人（图4-25）。

图4-25　自动推料机器人

4.3.3　自动分群

有条件的牧场可以安装全自动的分群门（图4-26），牧场每天需要处理的牛都可以自动地通过不同方向分出来，如发情牛、病牛、混群牛、需要调群牛、需要妊检的牛等，所有的找牛工作只需要通过电脑操控软件或者手机端一键发送，选定需要处理的牛就会自动分隔出来到不同通道上去，及时进行治疗和配种等工作，提高生产效率。而不是满牛舍找牛，打扰群组牛的休息和采食。

信息（技术）人员将繁育、兽医、饲养、奶厅等部门将各自需要分群的牛发送指令到分群门，并在分群处理通道及时处理相应牛只，既减少了夹牛时间，降低了奶牛群组应激，也提高了人员工作效率，提供了更精准的配种时间，并及时对疾病进行预防和治疗，减轻了劳动强度。

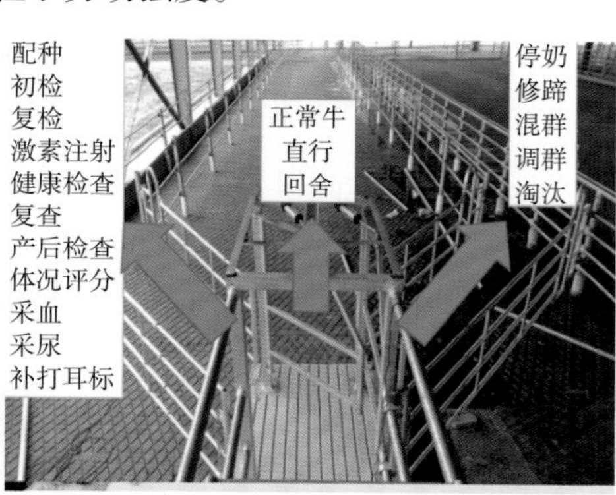

图4-26　分群门应用场景

4.4 评分与测量智能装备

奶牛的体重、体况、体温、采食行为、反刍行为等生理体征是反映奶牛健康、代谢情况的重要指标。传统的管理需要组织人来赶牛上地磅、卷尺测，工作量大、效率低，牛应激大；体况评分也需要经培训的专人现场看牛打分，工作量大、烦琐，且存在主观性偏差；想及时了解牛的健康情况，需要兽医及时观察采食、反刍、做各种检测。传统的奶牛体况评分方法要求熟练掌握体况评分规则的专业人员来进行评分，并且人工评分存在着一定的主观差异性。随着物联网（IoT）技术、人工智能（AI）技术、大数据技术、5G技术、自动化技术引入到奶牛的体征监测，将使这些工作变得简单、准确、及时。

4.4.1 体况自动评分

应用图像识别技术进行奶牛体况评分，可以消除人工评分的缺点和不足，及时掌握牛群体况变化，提高评分时效和工作效率。体况自动评分应用场景见图4-27。

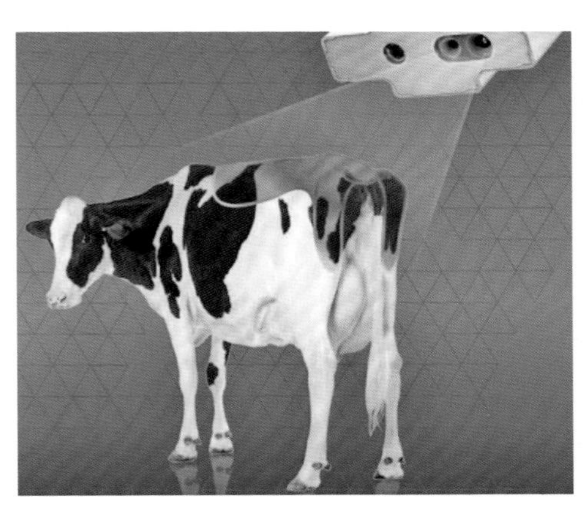

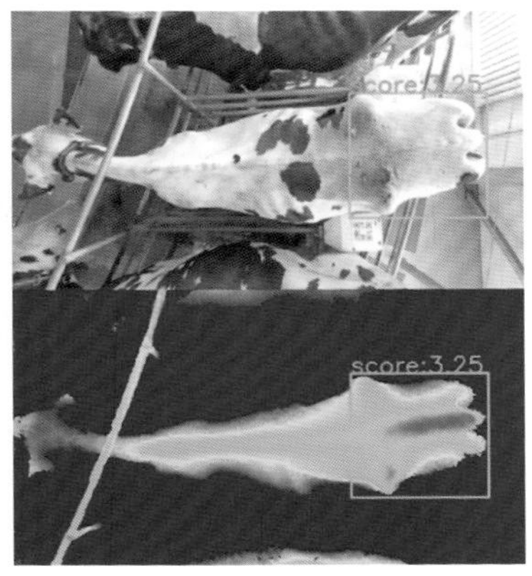

图4-27 体况自动评分应用场景

4.4.2 体温监测

利用接触式体外温度监控技术，实现耳温智能预警，实现奶牛疾病“早发现、早治疗”。体温监测使用场景如图4-28所示。

图4-28　体温监测使用场景

4.4.3　生长发育自动测量

在挤奶厅进出通道或牛舍间转群通道设立智能称重系统，可以实现牛只体重自动称重，并实时将数据传输至云平台。智能称重应用场景见图4-29。

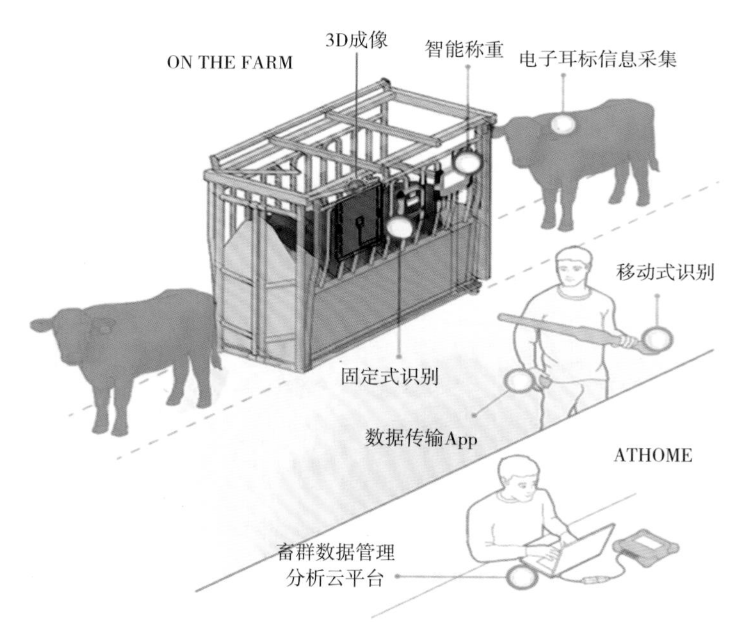

图4-29　智能称重应用场景

4.4.4　体形3D扫描技术

利用3D扫描、奶牛身份自动识别等物联网数据自动获取与传输技术，通过多个摄像头构成双目视觉系统，判断奶牛的体形。采用红外线传感器，包括

发射红外线到奶牛身体表面的发射端，以及接受奶牛身体表面反射回来的红外线的接收端；多个红外线传感器依次轮流开启，同一侧红外线传感器不同时开启，构建3D立体视觉，形成奶牛体型3D图像。通过与标准模型数据比对分析，为奶牛饲养、选种选配提供参考数据，提高奶牛管理水平和生产效率。动态鉴定奶牛体形的3D扫描系统（CN107374641B）见图4-30。

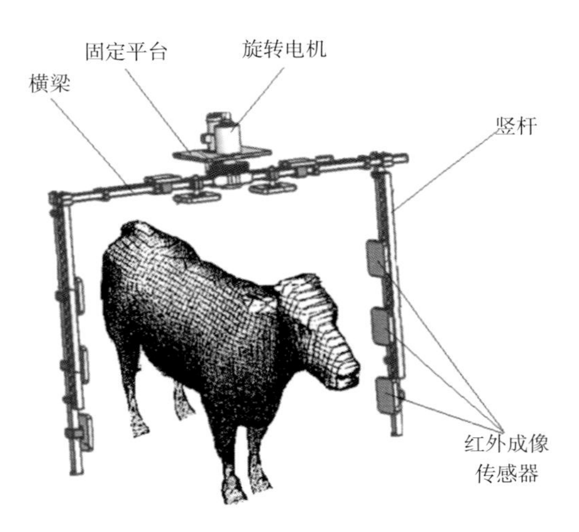

图4-30　动态鉴定奶牛体形的3D扫描系统

无线网络通信技术的不断发展，信息处理水平的不断提高，将使信息的交互变得更加便捷，能够进一步优化系统模型的性能，从而提供更加智慧化的奶牛养殖管理服务。体征监测传统与现代方式的比较见表4-1。

表4-1　体征监测传统与现代方式的比较

体征监测	方式	牛	人	技术	数据	分析
活动量和反刍	传统	行为特征明显	巡场观察	涂蜡笔	用纸记牛号、记录爬胯时间、反刍时间/次数	经验
	现代	佩戴项圈，持续活动量监测、反刍监测、采食、喘息	手机查看活动量曲线、反刍曲线，手机查看异常提醒	5G低功耗通信技术；加速度计、AI行为分析算法	数据自动采集、自动上传云端	活动量曲线、个体行为分析，饲喂管理，采食，消化，热应激，与个体数据融合分析

（续表）

体征监测	方式	牛	人	技术	数据	分析
体温监测	传统	无法检测	依据经验判断病情	经验	无	无
	现代	高频次、无感评分，挤奶转盘场景评分、通道场景评分	手机查看电子病历，手机查看体温变化	5G低功耗通信技术，接触式体外温度监控技术	耳温持续检测，每小数数据自动上传云端	耳温智能预警，与个体数据融合分析
体况评分	传统	一胎次可能被评1次	专业评分人员	经验	用纸记牛号、分值，录入到Excel表	Excel表简单计算
	现代	高频次、无感评分；挤奶转盘场景评分、通道场景评分	无需人为干预、机器自动评分	3D视觉成像、AI人工智能评分	RFID牛号自动识别，数据自动采集、自动上传云端	可视化大数据分析，体况变动过大自动预警，群体、栋舍离散分析
称重测高	传统	被驱赶、被拴；应激严重	需要多人配合，有危险	地磅、直尺、卷尺	用纸记牛号、重量、高度，录入到Excel表	Excel表简单计算
	现代	通道自动测量；自动开关门、无应激	人只是辅助操控设备，无危险	3秒动态称重，0.5千克误差；3D视觉测高，毫米级误差	RFID牛号自动识别，数据自动采集、自动上传云端	可视化大数据分析，生长曲线、自动预警，与个体数据融合分析、群体分析

4.5 舍内环境智能化控制

牛舍内安装喷淋降温设施设备（图4-31），通过智能喷淋降温系统或氨气等气体检测终端及温湿度感应器，电脑实时分析反馈数据，自动控制风机和喷淋装置的启动，保证牛的舒适度。

例如，在牧场牛舍内安装温湿度感应器，当温湿指数（THI）高于72时，开启风扇或喷淋降温系统。喷淋管道安装高度1.5～1.8米，喷头角度以能喷到牛躯干为准。牛舍温度达到22℃，打开风扇。大于25℃，喷淋30秒，循环10分钟；大于27℃，喷淋1分钟，循环5分钟；大于32℃，喷淋1分钟，循环3分钟；开启喷淋同时开启风扇。

图4-31 牛舍喷淋降温设施设备

4.6 数字信息采集与智能化管理

随着科技的不断进步，5G通信、人工智能、工业互联网、大数据、云计算、物联网等新一代信息技术必将成为奶业持续、健康发展的重要引擎。人工智能技术的快速发展将为奶牛养殖业带来前所未有的机遇，传感技术将更加先进，会带来更加优异的性能和更加智能化的表现，如动物身份智能识别"牛脸识别""云+端"养殖环境监测、智能化精准养殖等，成为智慧牧场和智慧奶业发展最关键的因素，区块链+乳产品溯源、5G赋能全产业链融入奶牛养殖、乳产品加工、市场流通的各个领域环节形成巨大的产业应用空间。奶牛数字信息采集与智能化管理技术集成见图4-32。

奶牛养殖业的智能化发展不可能一蹴而就，也不可能是简单地将人工智能与奶牛养殖业进行叠加，而是需要聚合奶牛养殖产业各方力量共同推进，认同奶牛绿色低碳、健康智慧养殖发展理念，使整个行业都能够更深刻认识到推进奶牛养殖智能化不仅是整个产业今后发展的大势，更是奶牛养殖经营主体实现管理科学化、经营现代化和效益最大化的现实需要。

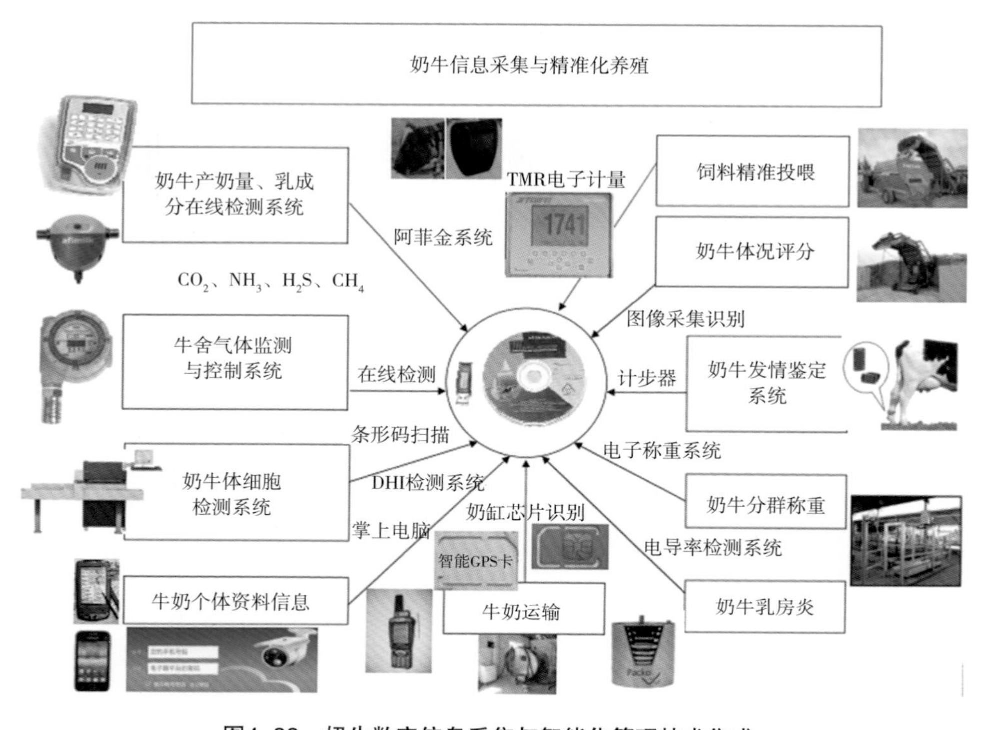

图4-32　奶牛数字信息采集与智能化管理技术集成

5　评价鉴定技术及应用

掌握本章技术并熟练应用，将极大提升从业人员技术评价分析技能和管理水平。本章包括体貌行为评价、生长发育评价、日粮评价、粪便评价、热应激评价、检测评价和生乳品质与乳制品质量。

5.1　体貌行为评价

5.1.1　体况评分

奶牛的体况对其生产性能、繁殖、健康、寿命都有重要影响，适时进行体况评分，有助于了解奶牛的营养状况及饲养管理中存在的问题，以便及时采取有效措施加以解决，保证奶牛健康和生产性能的发挥。

体况评分（BCS）用于评估奶牛能量蓄积（脂肪沉积）程度和营养健康状况，主要通过目测和用手触摸进行评估。奶牛BCS关键部位识别见图5-1。

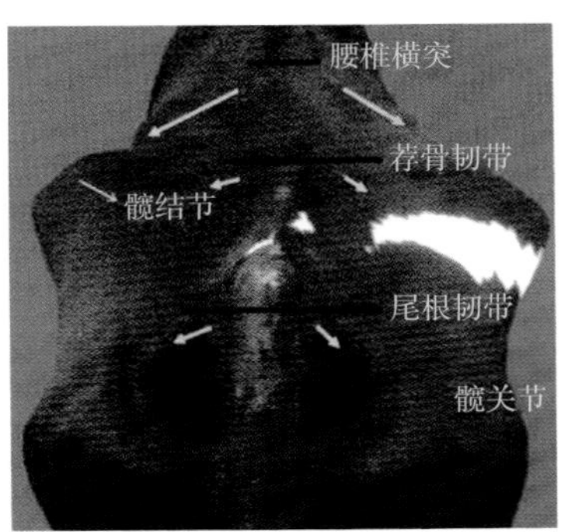

图5-1　奶牛BCS关键部位识别

5.1.1.1 评分方法

BCS采用5分制，后备牛BCS参考表5-1，成年牛BCS参考表5-2。

表5-1 后备牛体况评分

分值	侧视	后视		
	臀角—髋关节—腰角	尾根两侧	臀角、腰角	脊椎部
1	呈深V型	陷窝很深	非常突出	非常突出
2	呈明显V型	陷窝明显	明显突出	明显突出
3	稍显V型	陷窝稍显	稍显突出	稍显突出
4	呈浅U型	陷窝不显	不突出	平直
5	呈直线型	丰满	丰满	丰满

注：评分过程要综合考虑以上评价指标的情况。

表5-2 成年牛体况评分

分值	脊椎部	肋骨	臀部两侧	尾根两侧	臀角、腰角
1	非常突出	根根可见	严重下陷	陷窝很深	非常突出
2	明显突出	多数可见	明显下陷	陷窝明显	明显突出
3	稍显突出	少数可见	稍显下陷	陷窝稍显	稍显突出
4	平直	完全不见	平直	陷窝不显	不显突出
5	丰满	丰满	丰满	丰满	丰满

注：评分过程要综合考虑5个评价指标的情况。

BCS图示解析见表5-3，奶牛BCS实例见图5-2，实例图示评分见表5-4。

表5-3 体况评分（BCS）图示解析

体况评分值	背部正中的脊椎骨	腰椎骨横切面（背部正视）	坐骨结节和腰椎骨之间连线（腰部侧视）	尾骨和坐骨结节之间的空隙	
				（尾部正视）	（尾部侧视）
1分 体膘评分 严重不足		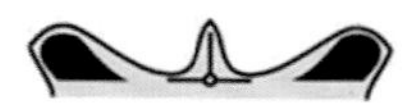		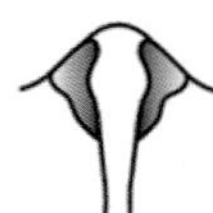	

（续表）

体况评分值	背部正中的脊椎骨	腰椎骨横切面（背部正视）	坐骨结节和腰椎骨之间连线（腰部侧视）	尾骨和坐骨结节之间的空隙	
				（尾部正视）	（尾部侧视）
2分 棱角太明显					
3分 棱角和饱满度正合适		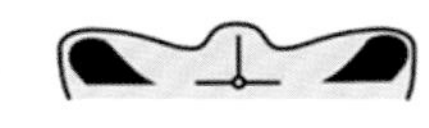			
4分 棱角不明显过分饱满		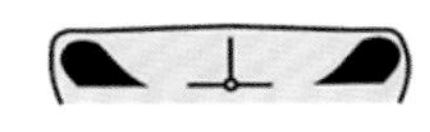			
5分 体膘评分严重过高	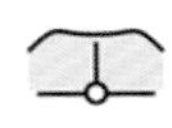	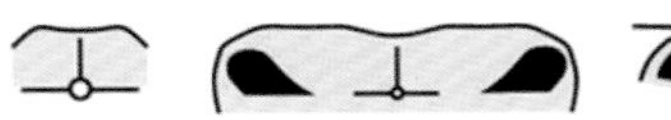			

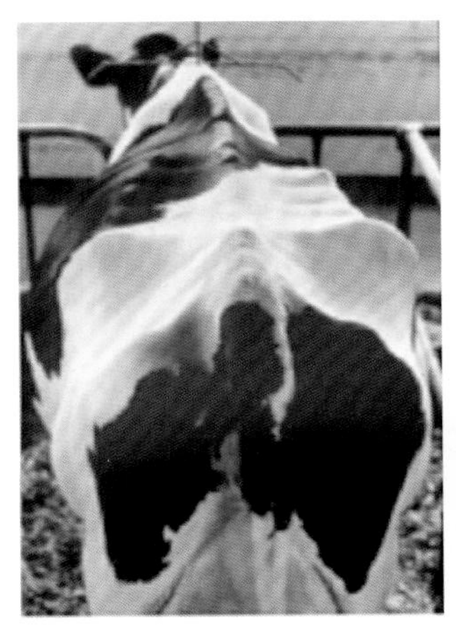

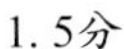

1.5分

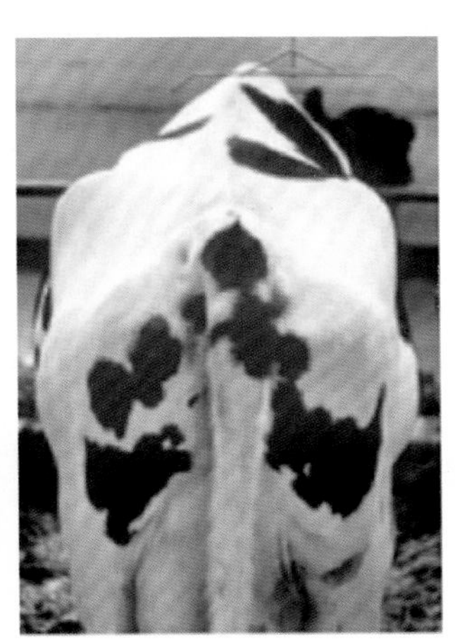

3分

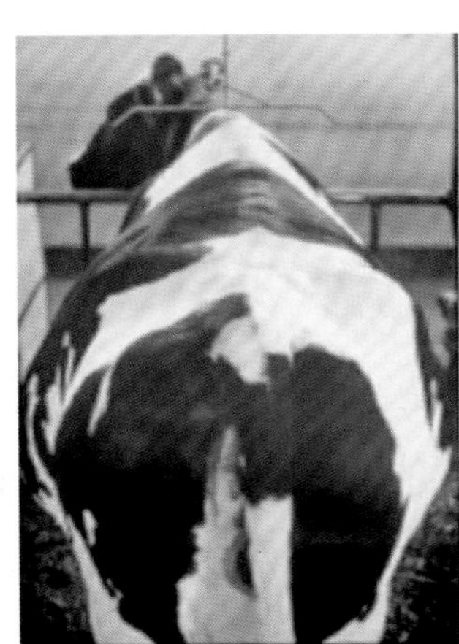

4.5分

图5-2　奶牛BCS实例

表5-4　体况评分图例

评分	体况	细节描述	图例	
1分	瘦弱	尾根——深陷，皮下没有脂肪，皮肤松软，表面粗糙； 腰部——脊柱突出，水平突起明显	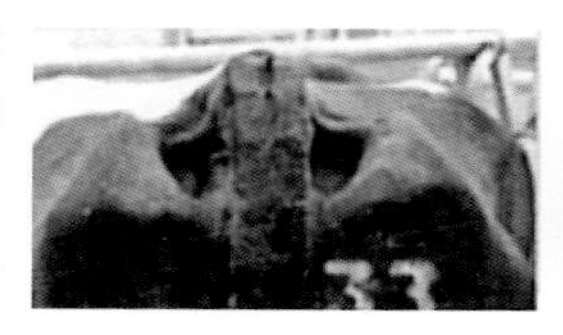	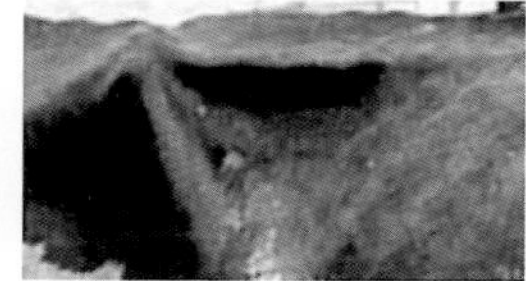
2分	中等	尾根——凹陷，臀角突出，皮下少量脂肪，皮肤松软； 腰部——腰角突出，但略覆盖有脂肪，后端呈圆形	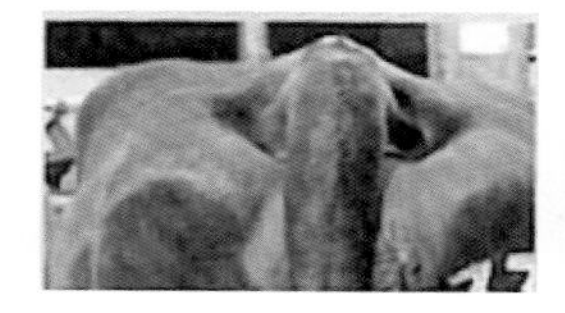	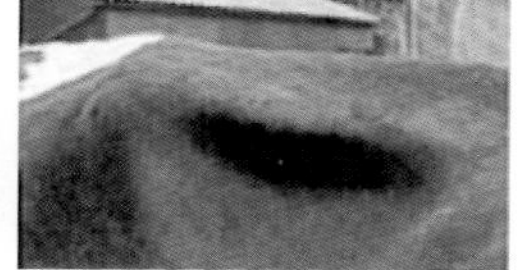
3分	良好	尾根——脂肪覆盖整个区域，皮肤光滑，可以触摸到盆骨； 腰部——按压可以感觉到水平突起，腰部轻微凹陷	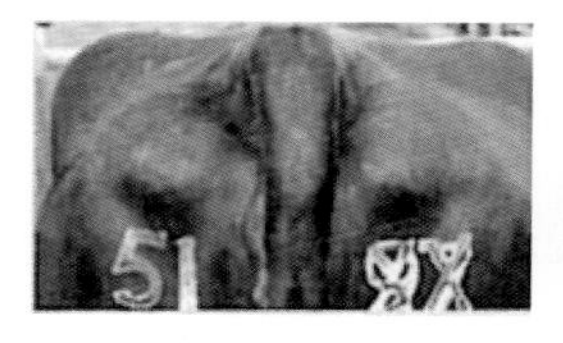	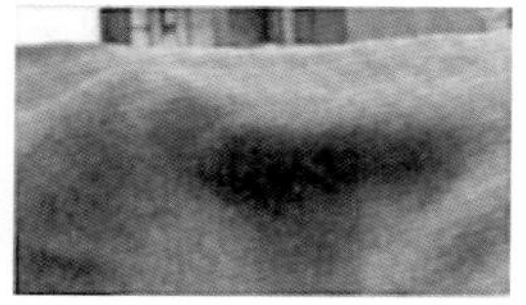
4分	肥胖	尾根——臀角不明显，被脂肪覆盖； 腰部——脊柱不明显，触摸不到突起，完全呈现为圆形	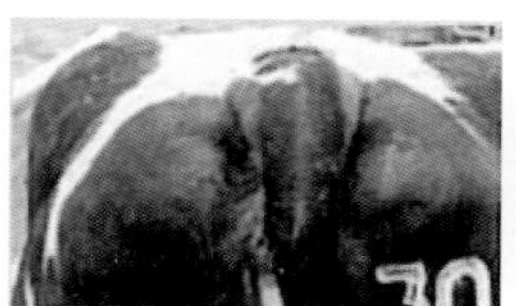	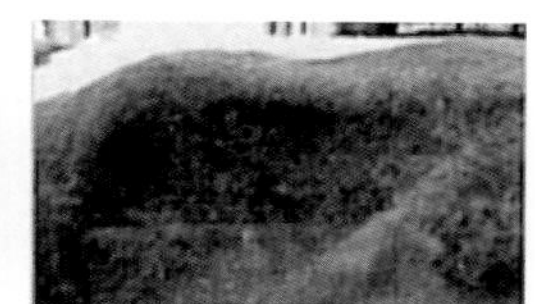
5分	过度肥胖	尾根——被脂肪组织包围，用力按压也无法触摸骨盆； 腰部——脊椎部肋骨、臀部及尾根两侧丰满		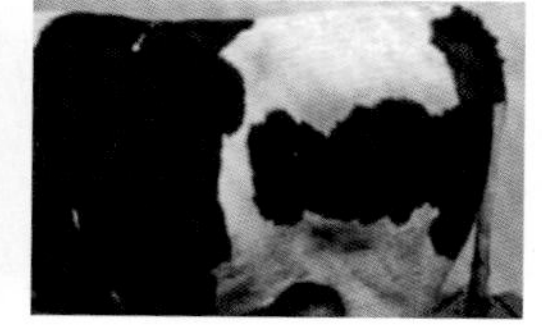

体况评定分值随着泌乳阶段而变化，处于能量负平衡的泌乳前期牛损失身体储备非常明显。成年母牛不同生理阶段BCS变化见图5-3。

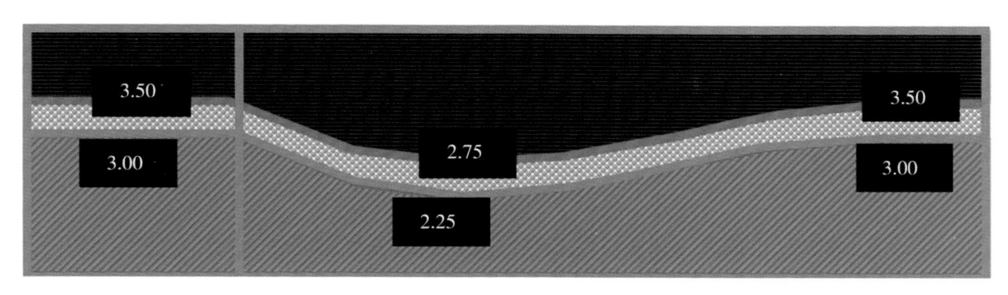

图5-3　成年母牛不同生理阶段BCS变化

5.1.1.2　评分结果

整个泌乳阶段体况评分变化不应超过0.75分。太过肥胖或太瘦都会造成奶牛繁殖障碍（配种、妊娠、产犊）问题（表5-5）。

表5-5　BCS评分结果与奶牛状况

分析BCS	评估分值	状况预警
平均评分	正常范围内	良好，奶牛能量采食充足
	高	存在泌乳初期采食量过低的风险
	低	能量采食不足，抗病能力差
评分范围	宽	牛群中能量采食量和能量需要量都存在显著差异
	窄	良好，奶牛能量采食充足

个体瘦弱的母牛免疫力低下，体况急剧下降导致繁殖问题和抵抗力低下。体重超标的母牛容易在围产期和泌乳早期出现采食量不足。

5.1.1.3　BCS推荐值

后备奶牛不同阶段BCS的推荐值见表5-6，成年牛不同生理阶段BCS的推荐值见表5-7。

表5-6　后备牛不同生长阶段BCS的推荐值

不同阶段	6月龄	12月龄	18月龄	24月龄
理想评分	2.5	2.75	3.25	3.5
推荐范围	2.25 ~ 2.75	2.5 ~ 3.0	3.0 ~ 3.5	3.5 ~ 3.75

表5-7　成年牛不同生理阶段BCS的推荐值

生理阶段	干奶期（产前60天）	泌乳前期（产后21 ~ 100天）	泌乳中期（101 ~ 200天）	泌乳后期（泌乳201天之后）
理想评分	3.0 ~ 3.5	2.5 ~ 3.0	2.5 ~ 3.5	3.0 ~ 3.5

5.1.2　步态（行走）评分

步态评分通过对奶牛站立、行走姿势及肢蹄状态的观察进行评分，是评定奶牛个体及牛群肢蹄健康状态的有效方法。利用该方法可以减少因肢蹄疾病引起的淘汰率升高、产奶量下降、繁殖率低下等问题，保障奶牛高产并延长其利用年限。建议每月进行1次评分。

评分时应确保奶牛在水平的坚硬地面上行走，来评估奶牛个体和群体的肢蹄健康状态。评分时间为早班泌乳牛挤奶结束后从奶厅回牛舍通道的时间段。识别关键部位：背腰部（是平直还是弯曲）、肢蹄部（是否红肿、外伤、变形等）。步态评分参考表5-8，步态评分结果分析见表5-9。

表5-8　步态评分表

评分	姿势	细节描述	图例
1分	健康	正常站立和行走背部均水平。步态正常，行走时后蹄落在前蹄附近位置，活动自如	

（续表）

评分	姿势	细节描述	图例
2分	轻度异常	正常站立背部水平，但行走时背部拱起。头部抬得较低，并向前倾。步行轻度异常或无异常	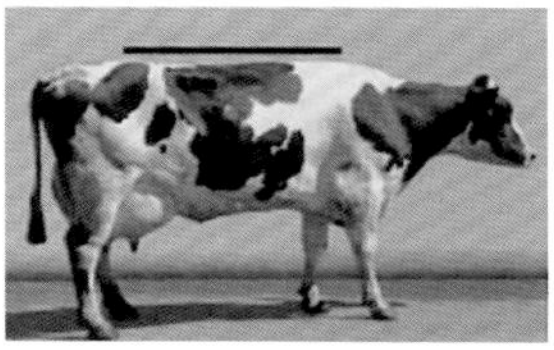 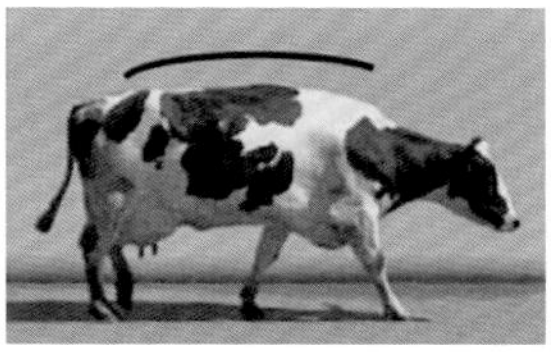
3分	跛行	站立和行走时均拱起背部。一只腿呈短步幅行走	 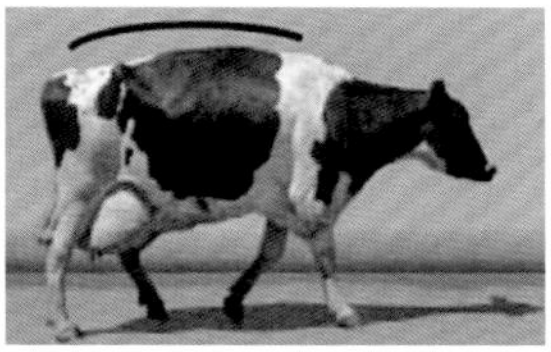
4分	中度跛行	站立和运动时都拱起背部，有一只腿负重明显降低，提起患肢	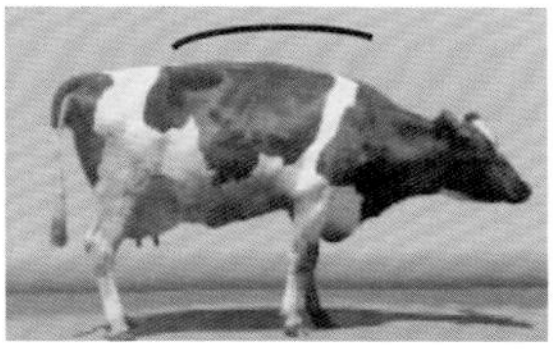 
5分	重度跛行	弓背，一只腿无法负重，站立困难。一只或多只腿短步幅行走，拒绝用患肢站立或行走，喜欢躺卧	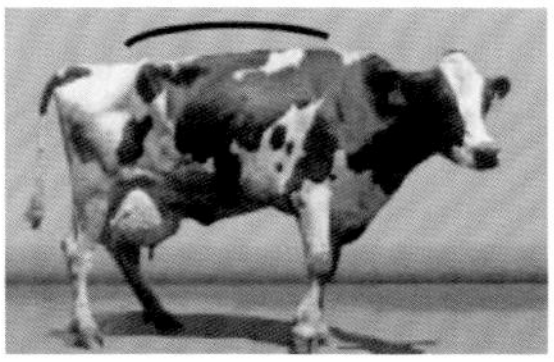 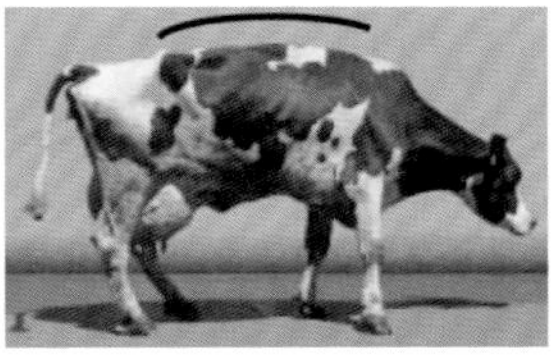

资料来源：Sprecher等，1997。

表5-9　步态评分结果分析

步态评分	占牛群比例	跛行评价	分析	
1～2分	>85%	正常	饲养管理良好	
3分以上	>15%	严重	蹄疣、腐蹄 损伤、蹄漏、白线病	细菌、病毒 地面、垫料

（续表）

步态评分	占牛群比例	跛行评价	分析	
3分以上	>15%	严重	蹄叶炎、蜂窝质炎、蹄冠红肿	① 环境。舒适度，挤奶厅滞留时间，卧床使用； ② 管理。修蹄时间、频率，消毒治疗、体况监测； ③ 营养。日粮平衡、瘤胃pH值、粪便评分； ④ 遗传。公牛评定，选种选配遗传参数选择

步态评分高的奶牛多数是肢蹄出现问题。跛行的风险因素分析主要有以下几点：① 接触到草场或松软运动场、运动场铺的砖头或者是水泥地的跛行风险高；② 修蹄、蹄浴等保健措施会降低跛行率；③ 粪便污染严重的卧床跛行率也增加；④ 候挤区或挤奶通道铺设橡胶垫，可降低跛行率；⑤ 增加过道上粪便的清粪次数，也可降低跛行率；⑥ 任何提高躺卧时间、降低站立时间的因素，都可以降低奶牛的肢蹄负担。

跛行对于蹄病也有很大的影响。蹄病会导致奶牛疼痛，影响采食，造成产奶量降低，生乳体细胞数升高。步行评分2分和3分以上时，要对牛群进行蹄部保健。如果超过10%的牛只步态评分为4分和5分，则可初步断定奶牛群体有蹄病问题。步态评分对采食量和产奶量的影响及控制比例参考标准见表5-10。

表5-10　步态评分对采食量和产奶量的影响

评分	干物质采食量（%）	产奶量（%）	占牛群比例参考标准（%）
1分	100	100	>75
2分	98	98～99	<15
3分	95	96～97	<9
4分	83	91～93	<0.5
5分	64	84～85	<0.5

5.1.3　后肢关节评分

奶牛后肢跗关节出现很多磨损肯定是有原因的。通过后肢关节评分，可以及时发现卧床、垫料、牛舍设施等存在的问题或风险隐患。

奶牛后肢跗关节的损伤评分标准：① 1分，无毛发损伤和肿胀。② 2分，毛发损伤面积≤2平方厘米，无肿胀。③ 3分，毛发损伤面积>2平方厘米，轻微肿胀。④ 4分，肿胀明显，有或无毛发损伤，或开放性创伤。⑤ 5分，严重肿胀或损伤。奶牛后肢跗关节损伤评分参考图5-4。

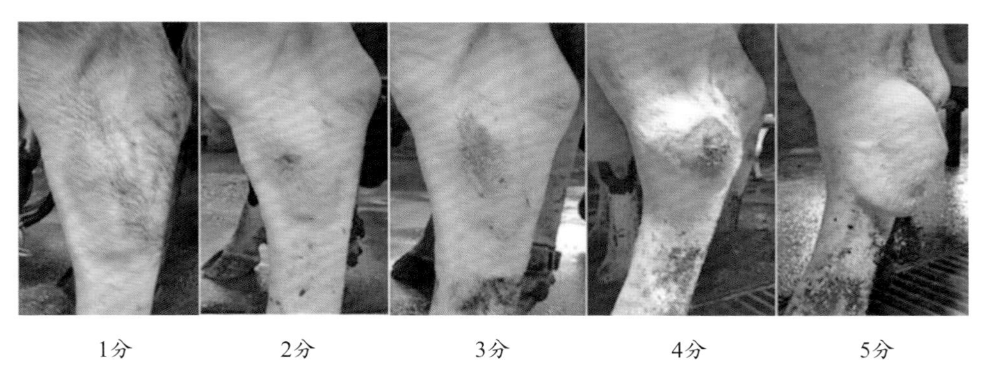

1分　2分　3分　4分　5分

图5-4　后肢跗关节损伤评分

（资料来源：王艳明，2017，中国奶牛舒适度大数据分析和参考标准）

5.1.4　体表清洁度评分

干净和干燥的环境是奶牛健康和生产优质乳的需要和保障。体表清洁度是牛场卫生状况的评判指标。体表清洁度评分是量化评定体表洁净程度的指标，针对的是整个牛群而非单头奶牛，主要评分部位包括臀部下体、后肢、腰腹部和乳房。将4个部位分别评分，然后计算平均数即为最后评分。1分代表最洁净，5分代表最脏。体表清洁度评分细则见表5-11。乳房和后肢清洁度评分参考表5-12。

表5-11　体表清洁度评分细则

评分	臀部下体	后肢	腰腹部	乳房
1分	全部清洁	全部清洁	全部清洁	全部清洁
2分	下体有少数干粪点	后肢有少数干粪点	仅腹部有少数干粪点	乳房上有少数干粪点

（续表）

评分	臀部下体	后肢	腰腹部	乳房
3分	后躯和乳房有明显可见的干粪，尾部末梢沾有粪便	后肢下部有一些粪便或干泥	腰腹部有明显可见粪点	乳房上有明显可见粪点
4分	后躯和乳房有明显可见的干粪，尾部大部分沾有粪便	后肢上部有少量粪便或干泥	身体侧面肷窝下部沾满粪便	乳房上沾有大片粪便
5分	后躯、乳房和尾部全部沾满牛粪	后肢上部均沾有粪便或干泥	身体侧面全部沾满粪便	乳头周围有粪便

表5-12　乳房和后肢清洁度评分

评分	臀部下体	后肢	腰腹部	乳房
1分				
2分				
3分				
4分				
5分				

不同部位的清洁程度可反映出污染的来源，侧面脏多反映出卧床、运动场和过道的清洁度较差；尾部脏反映出粪便过稀或患有腹泻等疾病。奶牛体表越脏，乳房和皮肤接触患传染病的概率越高。根据体表清洁度评分结果，及时改进养殖环境卫生、卧床设计和饲养管理措施等。

5.1.5 瘤胃充盈度评分

瘤胃充盈度评分能够间接评价奶牛的采食情况，反映瘤胃的健康状况。瘤胃位于牛体左侧，从牛体后面观察左侧腹部，可以评价瘤胃充盈度。瘤胃充盈度评分参考表5-13。

表5-13 瘤胃充盈度评分

评分	细节描述	图例
1分	左侧腹部深陷，腰椎骨以下皮肤向内弯曲，从腰角处开始皮肤皱褶垂直向下，最后一节肋骨后肷窝大于一掌宽。从侧面观察，腹部这部分呈直角。 表明采食过少或没有采食	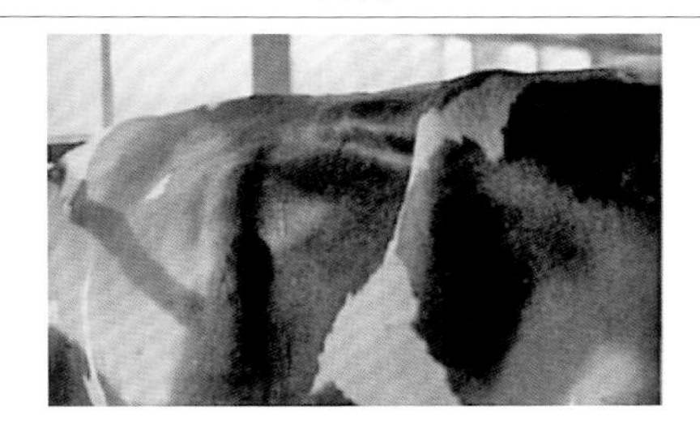
2分	腰椎骨以下皮肤向内弯曲，从腰角至最后一节肋骨处开始皮肤皱褶呈对角线，最后一节肋骨后肷窝一掌宽。从侧面观察，腹部这部分呈三角形。 常见于产后第一周的母牛。如为泌乳后期，表明采食量不足或饲料流通速率过快	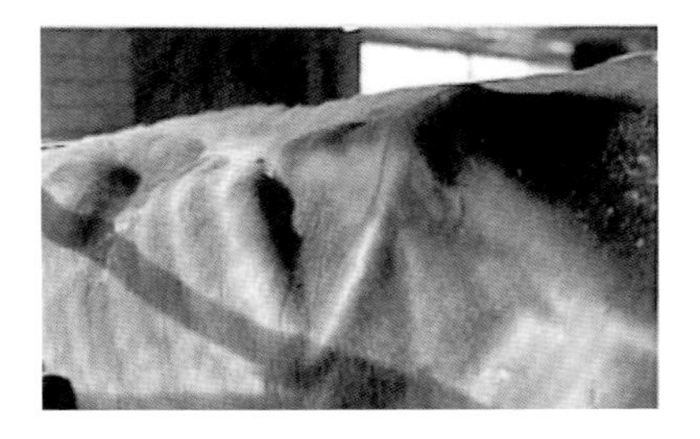
3分	腰椎骨以下皮肤向下呈直角弯曲一掌宽，然后向外弯曲。从腰角处开始皮肤皱褶不明显。最后一节肋骨后肷窝可见。 表明采食量充足，且饲料在瘤胃中停留时间适宜	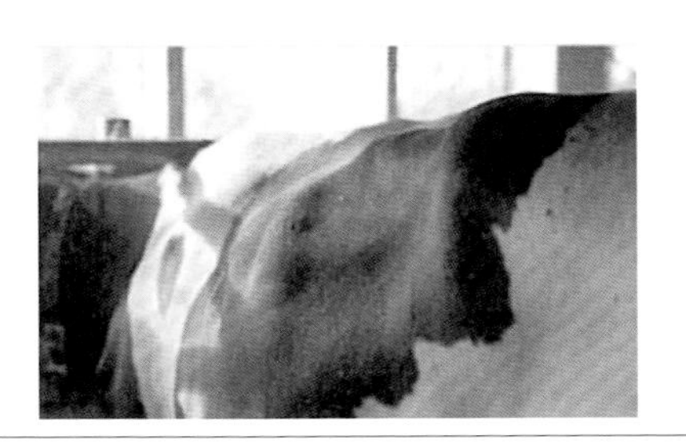

（续表）

评分	细节描述	图例
4分	腰椎骨以下皮肤向外弯曲，最后一节肋骨后肷窝不明显。 适于泌乳后期牛和干奶牛	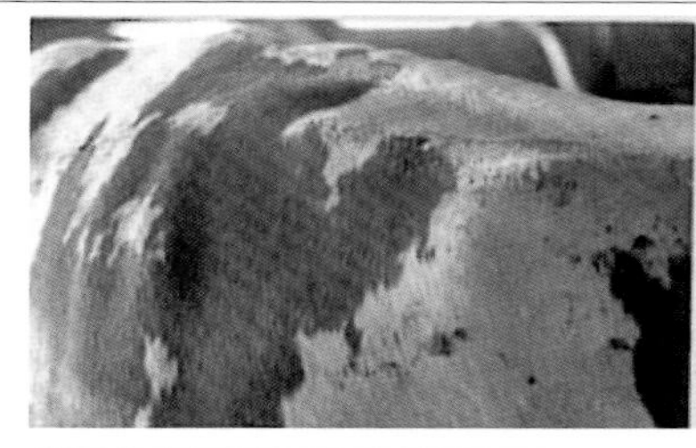
5分	腰椎骨不明显，瘤胃被充满。整个腹部皮肤紧绷，看不见腹部和肋骨的过度。 干奶牛的适宜评分	

资料来源：Zaaijer等（2001）。

5.1.6 乳头评分

在挤奶厅摘除奶杯后可以立即对乳头进行评分。每月都应进行评分。

5.1.6.1 评分标准

① 1分，乳头孔很小，乳头末端平滑无环形；② 2分，乳头孔周围有轻微的环状凸起，但没有角质蛋白形成的土丘状隆起；③ 3分，乳头孔呈粗糙圆环状，在乳孔周围1～3毫米有角质化的丘状隆起；④ 4分，非常明显的环状，乳孔周围4毫米有角质化的环，环周围边缘裂开；⑤ 5分，乳头末端环状裂开，呈菜花状凸起，周围有伤裂痕。乳头评分参考图5-5。

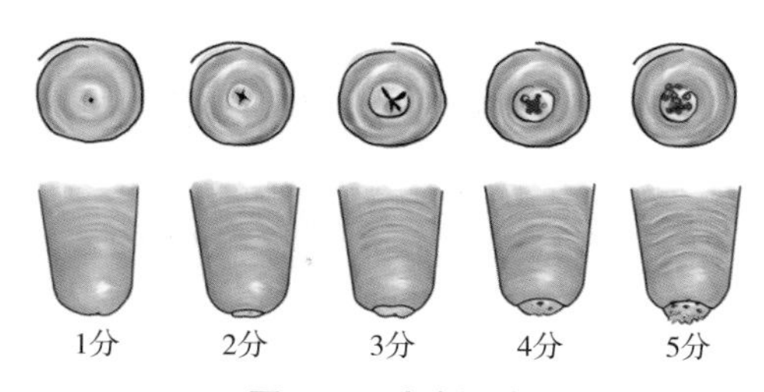

图5-5 乳头评分

5.1.6.2　评分结果应用

如果出现以下情况，就要及时采取措施。① 超过20%的奶牛乳头评分为3～5分；② 超过30%的奶牛在第2到第5泌乳月之间出现平滑的、厚的结痂环（3分）；③ 本次总体得分显著低于上次得分。

根据乳头评分结果，判断挤奶过程是否正常、挤奶机器参数或挤奶技术是否需要调整优化，及时采取相应的改进措施。引起乳头末端结痂的主要原因：① 真空度太高；② 挤奶时间太长；③ 乳区挤空后仍持续挤奶（过度挤奶）；④ 挤奶机器脉动频率设定不当（调整脉动器）；⑤ 内衬不合适（乳头形状异常/不正常的内衬）。

5.1.7　奶牛神态评分

神态评分可反映出奶牛的健康状况和精神状态，尤其对于临产牛和新产牛而言，活泼、敏捷是产后优良表现的基础。以下为其评分细则。

① 1分，灵敏、警觉，牛头高昂，耳朵向前上方，活动自如。② 2分，略有些低沉，但可对观察者的动作做出迅速的反应。③ 3分，中等低沉，站立时脑袋下垂，耳朵耷拉，瘤胃充盈度差，反应迟钝，在观察者的驱赶下慢慢远离。④ 4分，严重抑郁，站立时脑袋下垂、耳朵耷拉、鼻镜干凉，对观察者的行动疲于行动，腹部凹陷，被毛凌乱。⑤ 5分，卧地不起，眼睛紧闭，有时头向腹部蜷曲，在人的触摸和驱赶下略有反应，但不站立。

神态评分越高，精神状态和健康状况越差，也就意味着产后的代谢疾病会越多，采食量越低，高产和优良繁殖的可能性越差。对于临产牛和新产牛，一般要求神态评分≤2分，对4分或5分的牛应尽快查明原因并给予治疗。

5.2　生长发育评价

犊牛出生体重应为35～40千克。出生后，应制定计划按期称量体重和测量体尺并记录，应记载出生、6月龄、12月龄、15月龄、24月龄（头胎）和48月龄（第3胎）的体尺、体重的测量结果，评估奶牛生长发育状况，为选种选配和营养调控提供数据支持。

5.2.1 测量方法

测量时根据奶牛身体部位（图5-6），参考奶牛体尺测量图示（图5-7）进行测量。

5.2.1.1 体重

采用实测法或估测法测定。

（1）实测法：清晨空腹（成年母牛在挤奶后），连续2天同一时间用磅秤称量牛体质量，取其均值作为实测体重（单位：千克）。

（2）估测法：在6月龄后也可根据各年龄阶段体尺估测体重，按公式计算。

6月龄至12月龄：体重=98.7×胸围^2×体斜长；

16月龄至18月龄：体重=87.5×胸围^2×体斜长；

初产（头胎，24月龄）至成年体重（第3胎）：体重=90×胸围^2×体斜长；

说明：公式中体重单位为千克；胸围、体斜长单位为米；98.7、87.5和90为估测系数。

5.2.1.2 体尺

体尺包括胸围、体斜长和体高。胸围用皮尺围绕1周测量，松紧程度以能插入食指和中指上下滑动为准。体斜长、体高用测杖测量。

（1）体高（腰高、十字部高）。两腰角连线与背部椎骨交叉点到地的垂直距离，单位：厘米。

（2）胸围。肩胛骨后缘处用皮尺垂直地面围胸部测量的周径，单位：厘米。

（3）体长（体斜长）。肩胛骨前缘至坐骨结节后缘的直线距离，单位：厘米。

奶牛体尺测量图示见图5-6。

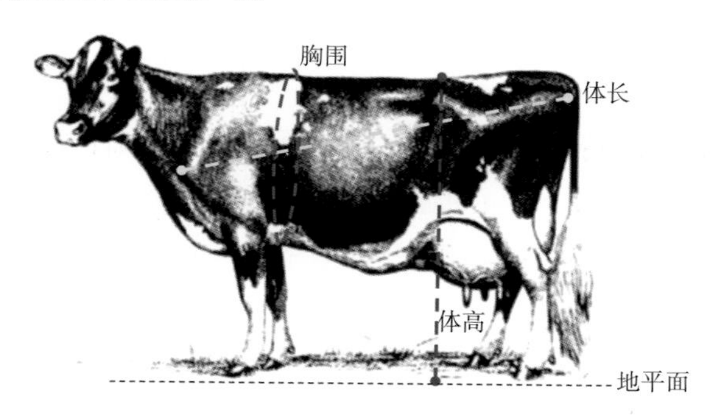

图5-6 奶牛体尺测量图示

5.2.2 体重体尺要求

未成年奶牛不同生长阶段体重和体尺推荐值见表5-14。

表5-14 未成年奶牛不同生长阶段体重和体尺推荐值

生长阶段	体重（千克）	体高（厘米）	胸围（厘米）
初生	≥35	≥72	≥75
2月龄（断奶）	≥90	≥84	≥101
6月龄	≥180	≥105	≥128
12月龄	≥320	≥124	≥162
13月龄（始配）	≥360	≥127	≥168
18月龄	≥465	≥131	≥173
24月龄（始产）	≥550	≥140	≥193

5.3 日粮（TMR）评价

5.3.1 TMR颗粒度评价

TMR颗粒度评价用于指导TMR日粮制作。当TMR原料发生变动时，应进行颗粒度检测。TMR颗粒度检测工具——饲料分析筛（宾州筛）。

5.3.1.1 颗粒度检测方法

① 按四分法，取400～500克TMR样品，将样品置于饲料分析筛顶筛（第一层）中。② 水平往复摇动，不要垂直抖动，摇动距离17厘米，一个往复为一次，频率每次1.1秒；每摇动5次，顺时针水平旋转90度为一个重复。③ 完成7个重复（图5-7），累计40次。④ 取下各层，分别称量每层中饲料质量并记录（图5-8）。

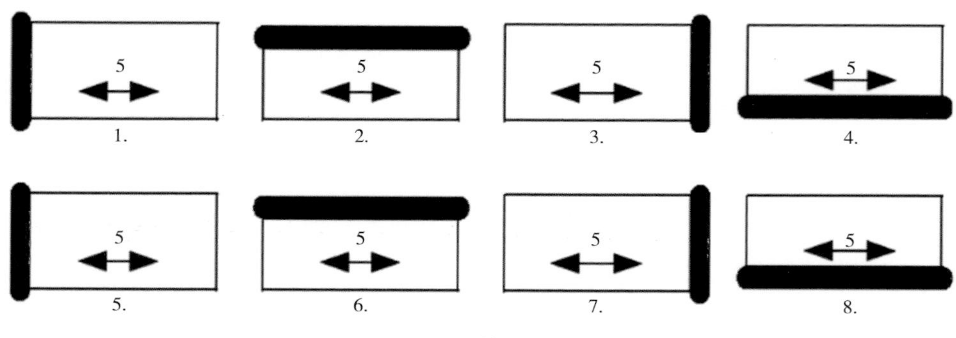

图5-7　宾州筛的移动方式

图5-8　TMR颗粒度检测各层饲料筛分情况（示例）

5.3.1.2　颗粒度计算

每层中饲料质量占总质量的比例按下列公式计算：

$$E_i = \frac{M_i}{M_1+M_2+M_3+M_4}$$

式中，E_i——第i层中饲料质量占总质量的比例，单位为百分率（%）；M_i——第i层中饲料质量，单位为克。

5.3.1.3　TMR颗粒度推荐值

不同牛群TMR颗粒度推荐值参考表5-15。

表5-15 不同牛群TMR颗粒度推荐值

TMR类别	草料分析筛各层饲料所占比例（%）			
	第一层	第二层	第三层	第四层
泌乳牛TMR	15～18	20～25	40～45	15～20
干奶牛TMR	40～50	18～20	25～28	4～9
后备牛TMR	50～55	15～20	20～25	4～7

注：TMR水分含量在45%～55%。以上推荐值适合于精料补充料以粉料为主的TMR。

5.4 粪便评价

5.4.1 粪便稠度评分

每天应观察牛群的粪便情况。奶牛粪便稠度评分见表5-16。不同生理阶段奶牛粪便稠度分值推荐值见表5-17。

表5-16 奶牛粪便稠度评分

分值	粪便外观形态	图例
1分	稀粥样，水样，绿色	
2分	松散，不成形	

（续表）

分值	粪便外观形态	图例
3分	堆状，高度2.5～6.1厘米，双层，2～4个同心环	
4分	堆状，高度5～12厘米	
5分	堆状，高度12厘米以上	

表5–17　不同生理阶段奶牛粪便稠度分值推荐值

生理阶段	粪便稠度分值
干乳前期（干奶～分娩前21天）	3.5
干乳后期（分娩前21天～分娩）	3.0
泌乳初期（分娩～分娩后21天）	2.5
泌乳盛期（分娩后22～100天）	3.0
泌乳中期（101～200天）	3.5
泌乳后期（201天～干奶）	3.5

5.4.2　日粮消化评价

5.4.2.1　评估工具

粪便分离筛，也称消化分析筛或嘉吉筛。可通过粪便分离筛法评估奶牛日粮消化和瘤胃健康状况。

评价日粮消化的工具——粪便分离筛，其中三层筛为核心组件，上、中、下层的孔径分别为4.76毫米、2.38毫米和1.59毫米。配备水桶、盛粪的2升容器、长柄勺子、喷洒头。

5.4.2.2 粪便分析方法

① 采集检测牛群中10%个体的新鲜粪样2千克。② 将采集的粪样混匀，每次用取样勺取25%混合粪样转移至粪便分离筛第一层（顶筛）中，用喷水花洒冲洗粪样使其流过筛孔，直至所有的粪样被冲洗干净。③ 冲洗完后，收集每层筛上粪渣并用力握挤水分至不滴水，分别称量质量并记录。粪便分析方法流程见图5-9。

图5-9 粪便分析方法流程图

5.4.2.3 计算

每层筛中粪渣质量占总质量的比例按下列公式计算：

$$e_i = \frac{m_i}{m_1+m_2+m_3}$$

式中，e_i——第i层中粪渣质量占总质量的比例，单位为百分率（%）；

m_i——第i层中粪渣质量，单位为克（克）。

当分离筛中出现较多的玉米等谷实颗粒时，要引起高度重视。如图5-10所示。当为个体现象时，说明牛的消化状况出现问题。当为群体现象时，要分析全株玉米青贮制备情况。采取相应的措施，如增加TMR全株玉米青贮搅拌时间；控制全株玉米青贮收贮时机，检修机械切割碾压装备，以保证籽实种皮破裂。

图5-10　分离筛中出现较多的玉米粒

5.4.2.4　奶牛粪便分离推荐值

不同牛群奶牛粪便分离推荐值见表5-18。

表5-18　不同牛群奶牛粪便分离推荐值

奶牛群别	粪便分离筛各层粪渣所占比例（%）		
	第一层	第二层	第三层
高产牛群	<20	<30	>50
低产牛群	<15	<25	>60
干奶牛群	<20	<20	>60
后备牛群	<15	<20	>65

5.4.2.5 分析评估

粪便分离筛各层比例目标与分析参见图5-11。

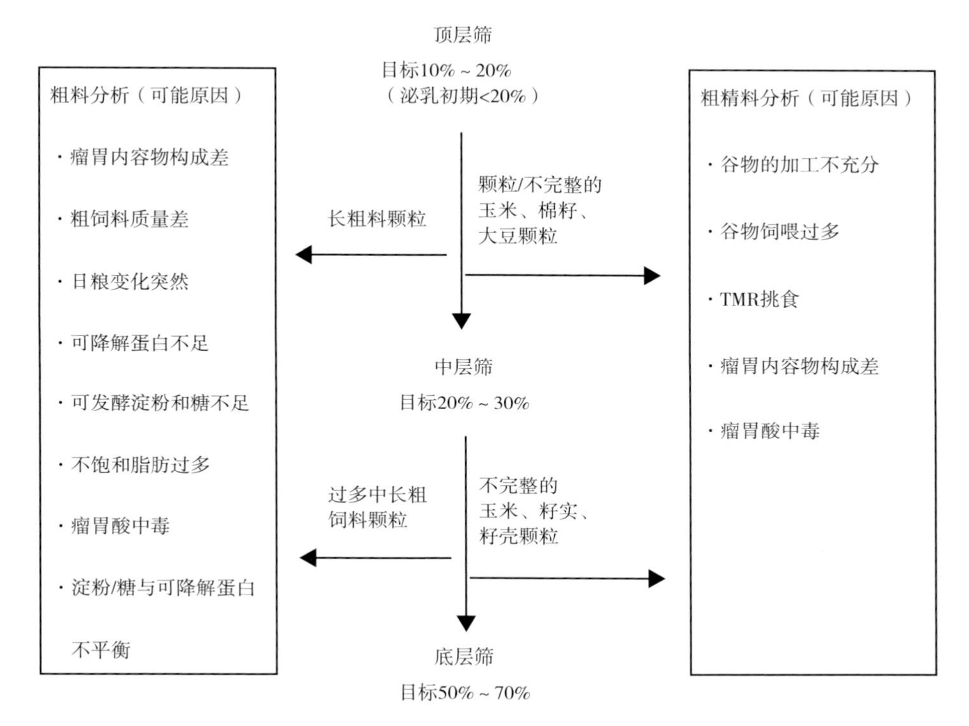

图5-11 粪便分离筛各层比例目标与分析

（1）顶层筛。

感官评价：看到长牧草纤维、全部或部分破碎的玉米粒、全棉籽或大豆。

分析原因：可能为过量的纤维；不恰当的谷物加工；过量饲喂谷物饲料；瘤胃酸中毒；能蛋比例失调；全混合日粮水分过多等。

结果建议：调整日粮结构，精粗比合理；如日粮结构合理，但顶层有较多的长牧草和未破碎的玉米粒、大豆等，在制作TMR时，将牧草切割时间延长1～2分钟，并对添加的谷物进行破碎。

（2）中层筛。

感官评价：未完全消化的玉米或其他谷物籽粒和明显可见的牧草颗粒。

原因分析：不适当的谷物加工；精料饲喂过量。

结果建议：调整日粮精粗比，合理添加精料用量，对谷物进行破碎加工。

（3）底层筛。

感官评价：由于底筛过细，具体成分很难通过肉眼分辨出来，所以主要看比例。

原因分析：如果底筛比例适当，顶筛和中间筛无明显异常，说明奶牛日粮营养平衡，瘤胃功能和效率良好。

5.5 热应激评价

奶牛的等热区为10～24℃，在该区内奶牛的基础代谢强度和产热量保持生理最低水平，是最适生产区。奶牛汗腺不发达，对高温耐受性不佳。盛夏常出现采食量减少、产奶量下降、抗病能力下降等热应激不良反应。可通过测量牛舍温度及湿度、直肠温度和呼吸频率来评价奶牛的热应激程度。牛舍环境温湿度指数（THI）用于描述奶牛所处的环境条件，是客观反映热应激程度的数值。

5.5.1 测量方法

5.5.1.1 温湿度测量

干湿球温湿度测量仪应等距悬挂于牛舍内纵向居中、非太阳直晒处、与牛体等高的位置。一栋牛舍内应至少悬挂3处，求平均值。每天至少测量3次，分别为清晨温度最低的时候、中午温度最高的时候和晚间温度开始变凉的时候。

5.5.1.2 直肠温度（RT）测量

将体温计放置在奶牛直肠内并停留3～5分钟，测得奶牛直肠温度。

5.5.1.3 呼吸频率（RF）测量

观察奶牛呼吸频率（腹部起伏次数），记录1分钟内奶牛的呼吸次数，重复测定2～3次，求平均值。

5.5.2 THI计算

THI计算公式如下：

$$\mathrm{THI}=0.81\times T+(0.99\times T-14.3)\times R+46.3$$

式中，T——牛舍平均温度，单位为摄氏度（℃）；

R——牛舍平均湿度，单位为百分率（%）。

牛舍温度、相对湿度与对应的THI值见表5-19。

表5-19　牛舍温度、相对湿度与THI

温度（℃）	牛舍相对湿度（%）																				
	0	5	10	15	20	25	30	35	40	45	50	55	60	65	70	75	80	85	90	95	100
24														72	72	73	73	74	74	75	75
25											72	72	73	73	74	74	75	75	76	76	77
26									72	73	73	74	74	75	75	76	77	77	78	78	79
27							72	73	73	74	74	75	76	76	77	77	78	79	79	80	81
28					72	72	73	74	74	75	76	76	77	78	78	79	80	80	81	82	82
29				72	73	73	74	75	76	76	77	78	78	79	80	81	81	82	83	83	84
30			72	73	74	74	75	76	77	78	78	79	80	81	81	82	83	84	84	85	86
31		72	73	74	75	76	76	77	78	79	80	80	81	82	83	84	85	85	86	87	88
32	72	73	74	75	76	77	77	78	79	80	81	82	83	84	84	85	86	87	88	89	90
33	73	74	75	76	77	78	79	79	80	81	82	83	84	85	86	87	88	89	90	90	91
34	74	75	76	77	78	79	80	81	82	83	84	84	85	86	87	88	89	90	91	92	93
35	75	76	77	78	79	80	81	82	83	84	85	86	87	88	89	90	91	92	93	94	95
36	75	77	78	79	80	81	82	83	84	85	86	87	88	89	90	91	93	94	95	96	97
37	76	77	79	80	81	82	83	84	85	86	87	89	90	91	92	93	94	95	96	97	99
38	77	78	79	80	82	83	84	85	86	87	88	90	91	92	93	94	95	97	98	99	
39	78	79	80	82	83	84	85	86	88	89	90	91	92	94	95	96	97	99			
40	79	80	81	82	84	85	86	88	89	90	91	93	94	95	96	98	99				

注：橙色区域表示奶牛处于中度热应激状态，红色区域表示奶牛处于高度热应激状态。

5.5.3 评价

可根据THI、RF或RT测量结果进行评价。评价奶牛群体热应激程度，宜用THI评定；重点观测个体奶牛或小群体奶牛，宜用RF或RT评定。

5.5.3.1 按THI评价

牛舍环境平均温湿度指数处于72≤THI≤79时，奶牛处于轻度热应激状态；平均温湿度指数处于79<THI≤88时，奶牛处于中度热应激状态；平均温湿指数>88时，奶牛处于高度热应激状态。

5.5.3.2 按RF评价

奶牛在正常情况下呼吸频率约为20次/分钟。平均呼吸频率为50～79次/分钟时，奶牛处于轻度热应激状态；平均呼吸频率为80～119次/分钟时，奶牛处于中度热应激状态；平均呼吸频率为120～160次/分钟时，奶牛处于高度热应激状态。

5.5.3.3 按RT评价

奶牛正常直肠温度为38.3～38.7℃。平均直肠温度处于39.4℃≤RT<39.6℃时，奶牛处于轻度热应激状态；平均直肠温度处于39.6℃≤RT<40.0℃时，奶牛处于中度热应激状态；平均直肠温度≥40℃时，奶牛处于高度热应激状态。奶牛热应激程度与评价指标见表5-20。

表5-20 奶牛热应激程度与评价指标

热应激程度	THI	呼吸率（次/分钟）	直肠温度（℃）
临界热应激	>68	>50	>38.5℃
轻微热应激	72～79	60～79	39.4～39.6
中度热应激	80～88	80～119	39.6～40
严重热应激	≥89	120～160	≥40

当温湿度指数（THI）高于68时，采取必要的防暑降温措施。① 调整日粮精料比例和营养浓度，精料比例应低于65%，中性洗涤纤维含量不低于日粮

干物质含量的29%，矿物元素和维生素保持适宜水平，日粮粗蛋白质中的过瘤胃蛋白质比例为35%左右。② 提供新鲜、清洁、充足、清凉的饮水。③ 调整TMR投放时间。增加夜间饲料投喂量和投喂次数，增加奶牛采食时间。④ 保证奶牛休息。应对牛场环境卫生进行治理，定期灭蝇。⑤ 加强通风和喷淋降温。

5.5.4　呼吸评分

呼吸评分是对奶牛热应激程度进行定量化评定的技术指标。以下为其评分细则。① 1分，胸式呼吸，不易观察到呼吸活动，无法通过观察准确计量呼吸次数。② 2分，出现腹式呼吸，即呼吸时腹部有起伏，呼吸次数小于80次/分。③ 3分，严重的腹式呼吸，呼吸较快，呼吸次数为81～100次/分。④ 4分，呼吸频率很快，大于100次/分；或张嘴呼吸，有时呼吸较深长。⑤ 5分，呼吸时伸出舌头（表明奶牛遭受着非常严重的热应激）。

短暂的热应激会影响奶牛的采食和生产性能，持续热应激会进一步影响瘤胃发酵、繁殖、乳成分和养分代谢。生产实践中，牛群内呼吸评分出现3分的牛已经表明热应激管理存在隐患；即使短暂出现4分的奶牛，也会造成受孕率下降10%，表明热应激已经对奶牛群体有着严重的影响。在任何情况下，均不允许出现呼吸评分为5分的奶牛。

在寒冷的冬季，同样也要做好冷应激的防控。① 应做好牛舍防寒保暖，保持舍内温度在0℃以上，相对湿度不高于80%。② 卧床和运动场应有足够垫料，并保持平整、干燥。③ 调整日粮结构，适当增加精料喂量，提高营养浓度。④ TMR含水量控制在45%～50%，同时要避免混入冰冻饲料。⑤ 水槽水温宜在15℃左右。

5.6　检测评价

通过检测奶牛血液、尿液和生乳成分及DHI测定，可以判定奶牛的营养健康状况。

5.6.1　血液代谢产物与健康状况

在产犊后5～10天，在采食后2～4小时采集血样，检测血清β-羟丁酸

（BHB）。如果10%的测值超过144毫克/升，可能患有亚临床酸中毒；超过260毫克/升，则可能患酸中毒。在奶牛产犊前2～14天，在采食前采集血样，检测血浆非酯化脂肪酸（NEFA）。如果10%以上的测值超过0.574毫摩尔/升，说明NEFA水平过高，存在能量亏空。血液代谢产物判定标准参考表5-21。

表5-21　血液代谢产物判定标准

营养状况	代谢产物指标	判定标准
能量状况	β-羟丁酸（BHB）（毫摩尔/升）	<0.9
	葡萄糖（毫摩尔/升）	>2.5
蛋白质状况	尿素氮（UN）（毫克/100毫升）	8～12
	白蛋白（克/升）	30～40
	总蛋白（克/升）	60～80
	球蛋白（克/升）	30～40
血浆非酯化脂肪酸（NEFA）指标	酸中毒（毫摩尔/升）	574
	真胃移位（毫摩尔/升）	619
	胎衣不下（毫摩尔/升）	585

奶牛矿物质元素缺乏或不平衡检测参考表5-22。

表5-22　奶牛矿物质元素缺乏或不平衡的检测

矿物质元素	取样组织	正常	亚临床	临床
常量矿物质元素				
钙（急性）	血清总钙（毫克/分升）	8.0～10.5	5.5～7.5	<5.5
磷	血清（毫克/分升）	4.5～6	3.5～4.5	<3.0
镁	血清（毫克/分升）	1.9～2.3	1.5～1.85	<1.5
硫	日粮（%）	0.22	—	—
氯	血清（摩尔离子/升）	98～110	—	<90
钠	血清（摩尔离子/升）	135～152	130～135	<125
钾	血清（摩尔离子/升）	4～5.5	—	<2.5

（续表）

矿物质元素	取样组织	正常	亚临床	临床
		微量矿物质元素		
钴	血清维生素B_{12}（纳克/毫升）	>0.4	0.25～0.4	<0.2
铜	血清铜蓝蛋白（国际单位/升）	40～50	10～30	<5
	血清（微克/分升）	10～50	5～10	<5
碘	血清甲状腺素（纳克/毫升）	20～100	<10	—
	乳相（微克/升）	30～300	<10	—
铁	血相红细胞压积量（%）	33	<25	<20
锰	肝脏（毫克/千克干物质）	10～25	—	<4
硒	血清（微克/毫升）	0.08～0.2	0.04～0.06	<0.03
锌	肝脏（毫克/千克干物质）	100～400	50～150	<50

5.6.2 尿液pH值与血钙水平

收集尿液应在奶牛采食后4～8小时进行，可用pH试纸或pH计检测（图5-12，图5-13）。如果是饲喂阴离子添加剂时，则应在饲喂2～3天后收集尿液。荷斯坦牛尿液pH值正常值为6.0～6.5，娟姗牛尿液pH值正常值为5.5～6.0。若pH值超过8.0，则说明此奶牛可能患乳热症。也可用尿液预测母牛产犊时钙的营养状况。产前尿液pH值与血钙水平参考表5-23。

表5-23 产前尿液pH值与血钙水平关系

日粮阳离子阴离子差异（DCAD）	母牛产犊前尿液pH值	奶牛机体酸碱状况	母牛分娩后钙的营养状况
>0	7.0～8.0	偏碱性（碱中毒）	血钙低
<0	5.5～6.5	轻微偏代谢酸性	血钙正常
—	<5.5	肾脏负担过重，有损伤危险	—

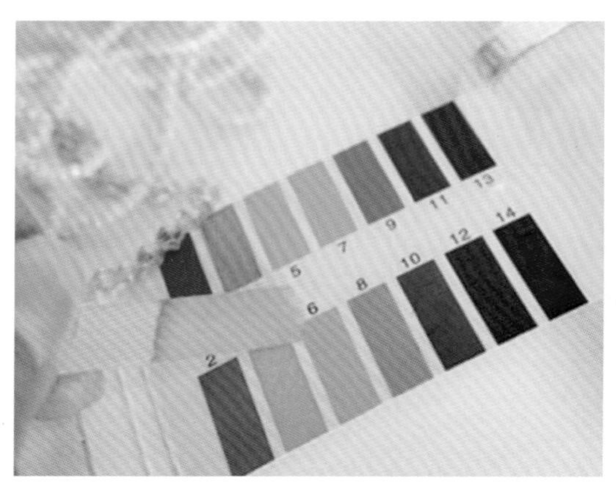

图5-12　pH试纸

图5-13　pH计

5.6.3　生乳成分与理化指标要求

牛乳成分及理化指标见表5-24。

表5-24　牛乳成分及理化指标

项目	比例（数值）范围	GB 19301—2010要求
牛乳成分		
水（%）	86 ~ 88	
乳脂肪（%）	3.4 ~ 4.7	
乳蛋白（%）	3.0 ~ 3.8	≥2.8
乳糖（%）	4.6 ~ 5.0	≥3.1
盐类（%）	0.7 ~ 0.8	
固形物（%）	12 ~ 14	
杂质度（毫克/千克）		≤4.0
理化指标		
相对密度（20℃/4℃）	1.028 ~ 1.032	≥1.027
冰点（℃）	−0.55 ~ −0.51	−0.56 ~ −0.50
沸点（℃，1个大气压）	100.55	
酸度（°T）	16 ~ 18	12 ~ 18

（续表）

项目	比例（数值）范围	GB 19301—2010要求
酒精试验（72°）	阴性	
氧化还原电位（伏特）	0.23～0.25	
表面张力（牛/米，20℃）	0.04～0.06	
微生物限量		
菌落总数[CFU/克（毫升）]	≤5×10^5	≤2×10^6
真菌毒素限量（GB 2761—2017）		
黄曲霉毒素M_1限量（微克/千克）		≤0.5
污染物限量（GB 2762—2017）		
铅（以Pb计）（毫克/千克）		≤0.05
总汞（以Hg计）（毫克/千克）		≤0.01
总砷（以As计）（毫克/千克）		≤0.1
铬（以Cr计）（毫克/千克）		≤0.3
亚硝酸盐（以$NaNO_2$计）（毫克/千克）		≤0.4

注：冰点仅适用于荷斯坦奶牛，冰点在生乳挤出3小时后检测。农药残留量应符合GB 2763的规定。

（1）乳成分测定。用平底采样管采集乳样40～50毫升，样品置于38～40℃水浴中孵育30分钟，样品温度约38℃可检测乳中脂肪、蛋白和乳糖含量等，测定乳成分可采用简易乳成分测定仪检测，如图5-14所示。

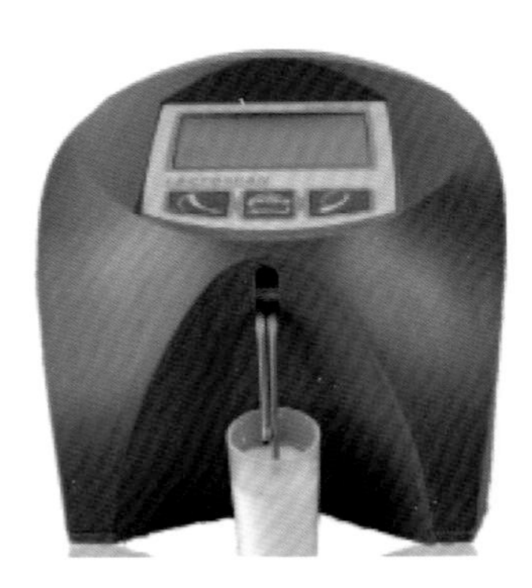

图5-14　乳成分分析仪

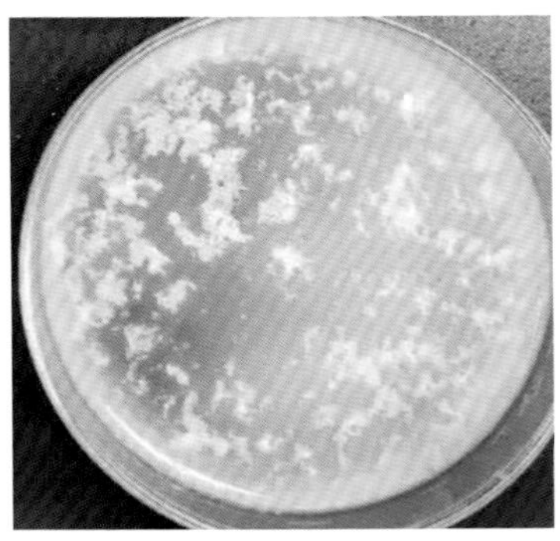

图5-15　酒精阳性乳图示

（2）滴定酸度测定。乳样采集后，准确量取100毫升奶倒入三角瓶中，加入0.5%酚酞指示剂，用0.1摩尔/升氢氧化钠（NaOH）溶液滴定，每用1毫升NaOH溶液，即为1°T（吉尔涅尔度）。正常牛奶的酸度通常为12～18°T。或取10毫升奶与20毫升水混匀，加入0.5%酚酞指示剂，用0.1摩尔/升NaOH溶液滴定，这时需将滴定用NaOH溶液数乘以10进行计算。

（3）酒精试验。配制72%酒精，取一定量（10毫升）的牛乳与等量的72%酒精混合，若无可见絮状凝块的乳即为正常乳，若产生可见絮状凝块的乳，即为酒精阳性乳（图5-15）。酒精阳性乳主要是乳蛋白稳定性降低，不利于乳品加工，若加工会造成产品货架期出现凝固等问题。

当奶罐生乳中黄曲霉毒素B_1含量达到0.35微克/千克预警值时，应立即查找原因，去除污染源。当奶罐生乳中菌落总数大于5×10^5 CFU/克（毫升），应检查牛体卫生及牛舍等环境卫生，需要特别关注体表清洁度评分，找出原因并纠正。

5.6.4 生产性能测定（DHI）

5.6.4.1 采样

① 采样对象：为产犊后6天至干奶期间的泌乳牛。② 采样间隔：连续两次采样间隔时间为25～33天。③ 采样量：不少于40毫升/头，日3次挤奶按4：3：3（早：中：晚）比例取样，两次挤奶按6：4（早：晚）比例取样。④ 采样记录：牛号与奶样对应；记录牛只当天的产奶量。⑤ 采样要求：采样装置连续分流采样，采样结束后应确保采样瓶中的防腐剂与乳样充分混匀。⑥ 样品保存：采样后，立即将奶样保存在0～5℃的环境中。⑦ 采样次数：每头参测牛每年测定次数不少于10次。

5.6.4.2 奶牛单体产奶量

（1）305天产奶量（常用）。产犊后第1天至第305天产奶量的总和（不足305天，标明实际泌乳天数）。

（2）产奶高峰。产后40～60天，高峰产奶越高，泌乳期产奶量也越高。奶牛305天单产估算（经验公式）：产奶高峰期最高日产奶量×200；头胎牛与成年牛高峰产奶量比值：0.76～0.79。

（3）全泌乳期产奶量。产犊后第1天至干奶产奶量的总和。标明实际泌乳天数。

（4）奶牛终生产奶量。奶牛个体一生的累积产奶量总和，反映奶牛个体的终生生产能力和利用年限。

5.6.4.3 乳蛋白和乳脂

（1）荷斯坦牛乳蛋白的正常值：3.0%～3.4%。如果过低，则可能有以下原因：① 可发酵碳水化合物水平太低；② 奶牛干物质采食量低；③ 日粮蛋白质供应不足或氨基酸不平衡；④ 使用油或脂肪作为奶牛能源。

（2）荷斯坦牛乳脂率的正常值：3.50%～4.0%。如果此值高达5.0%以上时，说明奶牛可能拒食，动员了过多体脂。如果低于3.5%时，则可能是日粮的NDF不高；粗饲料过细；高脂肪日粮或高精料日粮所致。泌乳早期乳脂率较高（>4.5%），意味着奶牛在快速利用体脂，检查奶牛是否发生酮病。刚产犊，指标较高，到第3周开始稳定。

（3）乳蛋白与乳脂比。反映奶牛营养状况。如果乳蛋白与乳脂比测定值小于正常值，则说明乳蛋白过低，可能存在营养不良；而大于正常值则说明奶牛能量亏空。不同奶牛品种乳蛋白与乳脂比的正常范围见表5-25。

表5-25　不同奶牛品种乳蛋白与乳脂比的正常范围

奶牛品种	乳蛋白/乳脂
荷斯坦牛	0.80～0.86
娟姗牛	0.73～0.80
爱尔夏牛	0.80～0.83
瑞士褐生	0.83～0.85
更赛牛	0.73～0.75
短角乳牛	0.83～0.85

（4）瘤胃酸中毒风险评估。乳成分的变化可以初步评估奶牛存在瘤胃酸中毒的风险。① 乳脂率比全群平均值低1%；② 泌乳中后期乳脂率与乳蛋白率相差小于0.4个百分点；③ 牛群8%～10%的乳脂率比群体平均乳脂率低1%；④ 如果牛群中有10%奶牛所产的牛乳中乳脂率（低于3.0%时）比乳蛋白低

0.2个百分点。如果乳脂率比乳蛋白下降快，瘤胃发酵（尤其是纤维的消化）受阻。

5.6.4.4　体细胞数（SCC）

衡量生乳质量和乳房健康状况的重要指标。体细胞数是国际乳品联合会（IDF）规定：① 隐性乳房炎，20万个/毫升<SCC<40万个/毫升；② 临床性乳房炎，SCC>50万个/毫升。

体细胞数随着胎次和泌乳天数的增加有升高的趋势。随着奶样体细胞数的增加，产奶量、乳脂率、酪蛋白和乳糖含量均降低，而乳清蛋白含量逐渐升高。泌乳牛体细胞数控制推荐值见表5-26。

表5-26　泌乳牛体细胞数控制推荐值

胎次	SCC（万个/毫升）
第1胎	≤15
第2胎	≤25
第3胎	≤30

体细胞数>15万个/毫升时，造成奶损失，并呈现一定规律。SCC与奶损失关系见表5-27。牛乳体细胞数（SCC）与pH值、电导率关系见表5-28。

表5-27　SCC与奶损失关系

体细胞数SCC（万个/毫升）	奶损失（千克）
SCC<15	0
15<SCC<25	产量×1.5/98.5
25<SCC<40	产量×3.5/96.5
40<SCC<110	产量×7.5/92.5
110<SCC<300	产量×12.5/87.5
SCC>300	产量×17.5/82.5

表5-28 牛生乳SCC与pH值、电导率关系

牛生乳	pH值范围	电导率（mho/m）
初乳或酸败乳	<6.4	—
生乳（SCC：<20万个/毫升）	6.4～6.6	<0.40
生乳（SCC：20万～50万个/毫升）	6.6～6.8	0.40～0.50
生乳（SCC：50万～150万个/毫升）	6.8～7.0	0.50～0.55
生乳（SCC：150万～500万个/毫升）	7.0～7.2	0.55～0.625
生乳（SCC：>500万个/毫升）	>7.2	>0.625

资料来源：李宏军等，1998；刘文进，2005。

5.6.4.5 尿素氮和酮体

尿素氮和酮体反映奶牛代谢日粮蛋白质的有效性。如果生乳尿素氮（MUN）过高，奶牛蛋白质和葡萄糖营养可能存在问题，会降低奶牛繁殖率。

取8～10个奶牛的乳样，在饲喂后2～4小时取样检测。生乳尿素氮（MUN）值合理范围为10～16毫克/分升。血浆尿素氮（BUN）与MUN关系：BUN≈MUN÷8.1。

高蛋白日粮影响繁殖率3个因素：① 改变子宫分泌物，影响精子、卵子及早期胚胎成活；② 能氮失衡，降低血中孕酮浓度；③ 改变子宫pH值和前列腺素或孕酮水平，影响胚儿成活。

生乳酮体值：如果低于3毫克/升，属正常；大于7毫克/升，可能患酮血症。

5.6.4.6 泌乳天数

泌乳天数反映奶牛场繁殖管理问题。

泌乳天数=采样日期-分娩日期。

全年平均泌乳天数：（168±2）天；月平均泌乳天数：140～200天（季节性繁育）；月平均泌乳天数：150～170天（非季节性繁育）。

5.6.4.7 持续力

反映泌乳高峰过后产奶持续能力。正常的泌乳持续力范围见表5-29。

持续力=本次抽样日奶量/前次抽样日奶量×100%。

泌乳持续力={1-30×（上次奶量-本次奶量）/[（本次测定日期-上次测定日期）×上次奶量]}×100

表5-29　正常的泌乳持续力范围

胎次	0～65天	65～200天	200天
1胎（%）	106	96	92
≥2胎（%）	106	92	86

注：泌乳天数>400天不计算。

5.6.5　饲料监测

5.6.5.1　黄曲霉毒素的监测

应重点监测全棉籽、棉籽饼粕、玉米及其副产物（干酒糟及其可溶物、喷浆玉米皮等）、花生饼粕、TMR日粮等饲料。其他饲料也应监测黄曲霉毒素B_1。饲料入库前，要测定饲料中的黄曲霉毒素B_1含量，不合格不应入库。在夏季和秋季宜每周检测1次，在冬季和春季宜每2周检测1次；玉米青贮、精料补充料、浓缩料、豆粕以及其他精饲料原料宜每2周检测1次。

5.6.5.2　饲料中黄曲霉毒素的预警值

黄曲霉毒素B_1含量测定按GB/T 17480的规定执行。当饲料中黄曲霉毒素B_1含量达到预警值时，应立即查找原因，去除污染源。饲料黄曲霉毒素B_1预警值见表5-30。

表5-30　饲料黄曲霉毒素B_1预警值和含量要求

饲料种类	黄曲霉毒素B_1预警值（微克/千克，以干物质计）	黄曲霉毒素B_1含量要求（微克/千克，以干物质计）
TMR日粮	10.5	≤15
泌乳期精料补充料	7	—
玉米及其加工产品、花生饼（粕）	35	—
浓缩饲料	14	—
青贮饲料和干草等粗饲料、其他植物性饲料原料和其他精料补充料	21	≤30

5.7 生乳品质与乳制品质量

生乳品质是决定乳制品质量安全的基础，没有好的生乳，再先进的设备和技术也生产不出来优质的乳制品。生乳中微生物和体细胞数对乳制品加工风味、品质和贮藏有较大的影响。

5.7.1 生乳微生物

嗜冷菌可在0～7℃生长，并在7～10天内产生可见菌落的微生物。当原料奶在3～5℃储存一段时间再加工时，嗜冷菌产生的胞外蛋白酶和脂肪酶的概率加大，由于其耐热性，超高温瞬时灭菌（UHT）不能完全钝化嗜冷菌产生的这些酶的活性，储存期间乳风味发生变异，导致产品货架期缩短。国外研究发现生乳中嗜冷菌数量达到6 log CFU/毫升时，UHT乳储存不到20周，就会发生凝胶化；生乳中嗜冷菌数量达到6.9～7.2 log CFU/毫升时，UHT乳储存在第2周至第10周，就会发生凝胶化；生乳中嗜冷菌数量达到5.5 log CFU/毫升时，巴氏杀菌乳储存在第5天，就会出现劣质风味。因此，巴氏鲜奶应控制嗜冷菌数量，宜采用新鲜无污染的就近奶源，生乳从挤出到生产须在24小时内完成，全程2～6℃冷藏。生乳中嗜冷菌对乳制品质量安全的影响见表5-31。

表5-31 生乳中嗜冷菌对乳制品质量安全的影响

生乳中嗜冷菌数量（CFU/毫升）	UHT乳储存周期（周）	巴氏杀菌乳储存周期（天）	产品缺陷
6 log	<20	—	凝胶化
6.9～7.2 log	2～10		凝胶化
5.5 log		5	劣质风味

资料来源：Huber等，2003。

5.7.2 生乳体细胞数（SCC）

高SCC对巴氏杀菌奶品质和风味有影响，体细胞增加对乳品成分和品质的影响见表5-32。生乳中SCC含量较高时，对酸奶的发酵过程也有一定的影响，还对酸奶发酵终点、黏度、组织状态和色泽等均有影响。

表5-32　体细胞增加对乳品成分和品质的影响

生乳成分变化	品质缺陷
脂肪降低	黄油减产
游离脂肪酸升高	脂肪氧化味、涩味、苦味
总酪蛋白降低	奶酪减产
乳糖、钙降低	产品质量不稳定
氯化物升高	咸味和苦味
脂肪酶升高	酸败味
钠升高	咸味

资料来源：任江红，2015。

5.7.3　生乳分级建议

生乳分级对乳品企业按质定价提供参考，优质优价可激发奶农提高养殖管理水平。各地区结合当地奶业生产实际，参考表5-33对生乳等级进行细分，生乳指标符合GB 19301为合格等级，在此基础上，分良级、优级和特优级生乳。合格和良级生乳适用于UHT灭菌乳，优级和特优级生乳适用于巴氏杀菌乳、酸乳和优质UHT灭菌乳。

表5-33　生乳分级推荐值

生乳等级	乳蛋白（%）	乳脂肪（%）	体细胞数（万个/毫升）	菌落总数（万CFU/毫升）
特优级	≥3.4	≥3.8	≤20	≤2
优级	3.2 ~ 3.4	3.6 ~ 3.8	≤25	≤10
良级	3.0 ~ 3.2	3.4 ~ 3.6	≤40	≤20

注：在夏季，生乳等级乳蛋白和乳脂肪可适当下调0.1个百分点。

6 常见疾病防治及两病净化

奶牛规模养殖和集约化生产方式，在大幅度提高奶牛生产水平的同时，其疾病也相应地增多而复杂。保证奶牛健康，减少隐性临床型疾病的发生，加强奶牛常见疾病的早期监测、及时控制，是牧场极其重要的工作。

6.1 营养代谢病防治

6.1.1 酮病

奶牛酮病是高产母牛产犊后6周内最常发生的一种以碳水化合物和挥发性脂肪酸代谢紊乱为基础的代谢病。由于日粮中糖和生糖先质不足，引起脂质代谢紊乱，形成的酮体在血液和组织中大量蓄积，所引起的一种代谢性疾病。

临床上以呼出的气体、乳汁和尿液具有强烈的丙酮味为特征（兴奋、昏睡、血酮增高、血糖降低，以及体重迅速下降、低乳及无乳）。70%以上的病例发生于产后1个月以内。娟姗牛母牛、2～5胎经产牛、高泌乳量牛及妊娠期肥胖牛多发。

6.1.1.1 病因

（1）摄入碳水化合物不足，生糖先质缺乏或吸收减少；消耗过多。① 产前、产后采食量减少，特别是在产犊后10周内食欲较差，对于高产奶牛能量和葡萄糖的来源不能满足泌乳消耗的需要。② 高产奶牛过饲高蛋白和高脂肪饲料或饲料品质不佳。③ 运动不足时，前胃对纤维素的分解机能减弱，糖和生糖先质生成减少。④ 产前高度营养不良，或产前过度肥胖。

（2）疾病或其他继发性因素。① 子宫炎、乳房炎、创伤性网胃心包炎、真胃变位、生产瘫痪及胎衣不下等都可引起继发性酮病。② 凡能导致脂肪大量动员的疾病很可能引起肝脂肪沉积症和酮病。③ 干乳期奶牛过于肥胖是引发泌乳初期酮病的危险因素。

6.1.1.2 症状

奶牛酮病的症状常在产犊后数天至数星期出现。食欲减退、瘤胃空虚、运动减弱、两侧腰旁窝明显塌陷、便秘、粪便上覆有黏液；精神沉郁、反应冷漠，体重显著下降、产奶量也降低，但为低乳并非无乳；乳汁易形成泡沫、类似初乳状，加热更明显，由于不食仍有泌乳，故迅速消瘦。病牛呈拱背姿势，表示轻度腹痛。大多数病牛嗜睡，少数病牛狂躁，表现为转圈、摇摆，舔、嚼和吼叫，感觉过敏，强迫运动及头执拗（图6-1），这些症状间断地多次发生，每次持续1小时。尿液呈现浅黄色、水样，易形成泡沫。

图6-1　奶牛酮病病牛表现头部执拗

6.1.1.3 诊断

根据病史和临床症状可作出初步诊断（根据母牛高产、产后4～6周减食、低乳，神经过敏症状及呼出气放酮味，可以初步诊断）。

要确诊可进行血液学检查。血酮浓度升高、血糖浓度下降及注射葡萄糖立即见效，可以初步确诊。但在亚临床酮病，由于见不到明显的临床症状，主要依靠血酮定量测定来诊断。凡血酮水平超过10毫克/分升即可确定为病牛，血酮含量在10～20毫克/分升为亚临床酮病，血酮含量在20毫克/分升以上为临床酮病。健康牛和酮病牛血糖和血脂代谢变化见表6-1。泌乳早期奶牛酮病的发病率达到15%，或泌乳后期奶牛的发病率超过5%，可认为是由于饲养管理不当引起的群体性问题。

表6-1 健康牛和酮病牛血糖和血脂代谢变化

项目	健康牛（n=20）	酮病牛	
		初期（n=20）	重期（n=18）
葡萄糖	52（46～55）	36（34～41）	28（15～32）
糖元	29（24～36）	24（19～28）	14（12～18）
丙酮酸	0.57（0.34～0.76）	1.46（1.04～1.98）	3.64（2.65～4.1）
乳酸	11.7（9.6～12.4）	17.2（16.24～18.2）	22.6（18.7～24.6）
柠檬酸	4.68（2.8～5.5）	1.98（1.75～2.2）	1.27（0.85～1.55）
总酮体（毫克/100毫升）	6.3（1.2～6.8）	12.2（11.0～18.4）	34.1（26.0～48.0）
β-羟丁酸（毫克/100毫升）（BH）	5.6（1.1～6.2）	9.3（7.4～13.6）	22.0（18.4～30.0）
乙酰乙酸和丙酮（毫克/100毫升）（ACAC）	0.7（0.14～0.8）	2.9（2.3～4.8）	12.1（7.6～18.0）
BH/ACAC	8.0（7.7～12.0）	3.2（2.6～3.8）	1.8（1.6～2.5）
总脂（毫克/100毫升）	364（320～410）	442（396～488）	696（620～860）
游离脂肪酸（毫克当量/升）	285（75～520）	635（510～820）	1 170（860～1 320）
甘油三酯（毫克/100毫升）	9.8（8.6～10.2）	5.8（4.7～6.6）	4.2（3.6～4.8）
胆固醇（毫克/100毫升）	132（85～154）	158（75～220）	185（50～340）
β-脂蛋白（毫克/100毫升）	460（340～520）	580（545～720）	610（580～840）

6.1.1.4 治疗

治疗原则：补糖抑酮。

（1）静脉注射葡萄糖：50%葡萄糖溶液500毫升，缓慢注射，每日2次，连用数日。

（2）应用生糖先质：丙酸钠100～200克混饲或灌服，连用7～10天或用其注射液进行静脉注射；乳酸钠400～450毫克，灌服，每日1次，连用2～5天；丙二醇100～120毫升，每日1～2次，连用2～5天。

（3）口服维生素制剂：维生素A、维生素C、维生素K、维生素B_{12}连用2～3天。

（4）激素疗法：糖皮质激素的作用在于刺激糖异生而提高血糖水平，糖皮质激素（可的松）用量建议为1克，肌注或静注；促肾上腺皮质激素（ATCH）的作用是刺激肾上腺释放糖皮质激素。建议用量为200～800 IU，肌内注射。但重复应用，可降低肾上腺皮质激素活性和对疾病的抵抗力。

（5）对症治疗：酸中毒用5%的碳酸氢钠静脉注射；缓解兴奋可用水合氯醛、硫酸镁等；瘤胃迟缓可用健胃散等。

上述方法可合并应用，直至采食量和血糖恢复正常。注意：饲喂葡萄糖无效，因其在瘤胃内转变为挥发性脂肪酸。对因过度肥胖而发生酮病的应连续静脉注射5%葡萄糖，并纠正低钙血症和酸中毒，必要时每48小时皮下注射鱼精蛋白锌胰岛素200 IU。对继发性酮病，应在治疗原发病的同时治疗酮病。

6.1.1.5 预防

控制干奶前期的奶牛体况，防止过肥或者过瘦。产犊前取中等能量水平，如以粉碎的玉米和大麦片等高能饲料，能很快提供可利用葡萄糖。优质干草至少占日粮的30%。高产母牛产犊后口服丙酸钠120克，每天2次，连续10天；或丙二醇350毫升，每天1次，连续10天；或于产犊前2周每天口服6克烟酸，产后每天12克，连续12周，有预防作用。避免饲喂劣质饲料，避免应激。

6.1.2 瘤胃酸中毒

瘤胃酸中毒是由于突然超量采食谷物等，引起瘤胃内急剧产生、积聚并吸收大量乳酸等物质，所致的一种急性消化性酸中毒。以瘤胃内积滞酸臭、稀软的内容物，重度脱水，食欲废绝和瘤胃蠕动停止，高乳酸血症和病程短急为特征。

6.1.2.1 病因

过食谷物类饲料：如大麦、小麦、玉米、水稻、高粱；块茎、块根饲料：如马铃薯、甜菜、甘蓝等；酿造副产品：酒糟；面食品：生面团、黏豆包；糖类及酸类化合物：淀粉、乳糖、果糖、蜜糖等。精料超量是相对的，主要原因在于精料的突然变更。

6.1.2.2 症状

（1）最急性型。精神高度沉郁，极度虚弱，侧卧而不能站立，双目失明，瞳孔散大，体温低下（36.5～38℃），重度脱水，腹部显著膨胀，瘤胃停滞，内容物稀软或水样，瘤胃pH值低于5，无纤毛虫存活。循环衰竭，心率110～130次/分钟，微血管再充盈时间延长，通常于发病后短时间内死亡（3～5小时），死亡的直接原因是内毒素休克。

（2）急性型。食欲废绝，精神沉郁，瞳孔轻度散大，反应迟钝，消化道症状典型，磨牙虚嚼不反刍，瘤胃膨满不运动，触诊有弹性，触诊有震荡音，瘤胃液的pH值为5～6，无存活的纤毛虫。排稀软酸臭粪便，有的排粪停止，中度脱水，眼窝凹陷（图6-2），血液黏滞，尿少、色浓或无尿。全身症状重剧，结膜暗红，微血管再充盈时间延长；后期出现神经症状，步态蹒跚或卧地不起；头颈向一侧弯曲，或后仰呈角弓反张状，昏睡或昏迷。若不及时救治，多在24小时左右死亡。

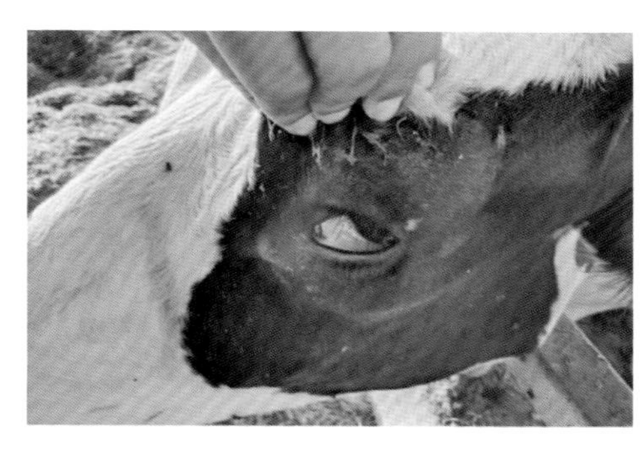

图6-2 奶牛乳酸中毒（牛严重脱水，眼球凹陷）

（3）亚急性型。食欲减退或废绝，瞳孔正常，精神委顿，能行走而无共济失调，轻度脱水，全身症状明显，体温正常，结膜潮红，脉搏加快，微血管再充盈时间轻度延长，瘤胃中等充满，收缩无力，触诊瘤胃内容物呈生面团样或稀软，pH值为5.5～6.5，有一些活动的纤毛虫。常继发或伴发蹄叶炎或瘤胃炎而使病情恶化，病程24～96小时不等。

（4）轻微型。呈消化不良体征，类似前胃弛缓，多能自愈。

6.1.2.3 诊断

根据有过食精料的病史，严重的脱水，瘤胃内容物稀软，腹泻轻微，瘤胃pH值显著下降，全身症状重剧而体温并不升高，很容易做出诊断。

6.1.2.4 治疗

治疗原则：纠正瘤胃pH值，纠正脱水和酸中毒，恢复胃肠功能。

瘤胃冲洗，瘤胃插管，排出内容物；一般用1∶5石灰水（取其上清液）、1%生理盐水或碳酸氢钠水或自来水反复冲洗，直至瘤胃内容物无酸味，或呈弱碱性为止，最后再灌入500～10 000毫升（根据动物体格大小，决定灌入量），该法疗效显著。

纠正酸中毒，5%碳酸氢钠3～6升，葡萄糖盐水注射液2～4升，静脉注射。先超速注射30分钟，再平速输注，危重病畜首选。

灌服治酸药：$Mg(OH)_2$或MgO或$NaHCO_3$或碳酸盐缓冲合剂（CBM）250～750克，水5～10升，牛一次胃管灌服；单用对轻症或亚急性有效。

（CBM：Na_2CO_3 50克，$NaHCO_3$ 420克，NaCl 100克，KCl 20克，温水10升）

6.1.2.5 预防

主要控制精饲料喂量，特别在奶畜泌乳早期，精饲料的喂量，要慢慢增加，让其有一个适应过程。阴雨天、农忙季节粗饲料不足时，更应严格控制喂量，防止过食（偷食）精料而发生中毒。

6.1.3 生产瘫痪

生产瘫痪亦称乳热症，是奶牛分娩前后突然发生的一种严重代谢性疾病。其特征是由于缺钙而知觉丧失及四肢瘫痪。生产瘫痪主要发生于饲养良好的高产奶牛，产奶量最高时易发，大多数发生于第3至6胎（5～9岁）；初产母牛则几乎不发生此病。此病大多数发生在顺产后的12～48小时；少数则在分娩过程中或分娩前数小时发病。

6.1.3.1 病因

引起本病的直接原因主要是分娩前后血钙浓度剧烈降低，或生产前后大脑皮质缺氧。

（1）血钙浓度降低。分娩前后，血钙水平降低的主要原因：一是分娩前后大量血钙进入初乳且动用骨钙的能力降低，是引起血钙浓度急剧下降的主要原因。二是分娩前后从肠道吸收的钙量减少，也是引起血钙降低的原因之一。

（2）大脑皮质缺氧。在分娩过程中，大脑皮质过度兴奋，其后即转为抑制状态。分娩后腹内压突然下降、腹腔的器官被动性充血，以及血液大量进入乳房，引起暂时性的脑贫血，因此使大脑皮质抑制程度加深，从而影响甲状旁腺，使其分泌激素的机能减退，以致不能维持体内的平衡。另外，怀孕后半期骨骼中能被动用的钙已不多，不能补偿产后的大量流失。

6.1.3.2 临床症状

牛发生生产瘫痪时，表现的症状不尽相同，有典型的与非典型（轻型）的2种。

（1）典型症状：病情发展快，从开始发病到出现典型症状，整个过程不超过12小时。病初通常呈现抑制症状，精神沉郁，不愿走动，食欲减退或废绝，反刍、排粪、排尿停止；后肢交替负重，后躯摇摆不稳，肌肉震颤。有些病例则表现短暂的不安，哞叫、目光凝视等兴奋和敏感症状；头部及四肢肌肉痉挛，不能保持平衡。鼻镜干燥，皮温降低，末梢部位发凉，有时出冷汗。呼吸变慢，体温正常或稍低，脉搏无明显变化。

图6-3　典型的颈部“S”状弯曲

初期症状出现1～2小时后，奶牛即出现特征性瘫痪症状，全身出汗，肌肉颤抖。意识抑制，知觉丧失，病牛昏睡，眼睑反射微弱或消失，瞳孔散大，皮肤对疼痛刺激亦无反应。肛门反射消失。心音减弱，速率增快，可达80～120次/分钟；呼吸深慢，听诊有啰音；有时发生喉头及舌麻痹，舌伸出不回缩。奶牛伏卧，四肢屈于腹下，头向背后侧呈“S”状弯曲（图6-3）。体温降低，最低可降至35～36℃。

如果本病发生在分娩过程中，则努责和阵缩停止，不能排出胎儿。奶牛死前昏迷，死亡时毫无动静；少数病例死前有痉挛性挣扎。

（2）非典型症状：除瘫痪症状外，主要特征是头颈姿势不自然，由头部至鬐甲呈一轻度的“S”状弯曲。病牛精神极度沉郁，但不昏睡，食欲废绝。各种反射减弱，但不消失。病牛有时能勉强站立，但站立不稳，且行动困难，步态摇摆。体温一般正常或不低于37℃。

6.1.3.3 诊断

诊断生产瘫痪的主要依据是病牛为3～6胎的高产母牛，绝大多数在产后3天以内发病，并出现特征的瘫痪姿势及血钙降低（一般在8毫克/100毫升以下）。如果静脉注射钙剂或乳房送风疗法有良好效果，便可确诊。

6.1.3.4 治疗

静脉注射钙剂或乳房送风是治疗生产瘫痪最有效的惯用疗法，治疗越早，疗效越好。

（1）静脉注射钙剂疗法。最常用的是硼葡萄糖酸钙溶液（制备葡萄糖酸钙溶液时，按溶液数量的4%加入硼酸）。一般的剂量为静脉注射20%～25%硼葡萄糖酸钙500毫升（中等体格的荷斯坦奶牛）。如无硼葡萄糖酸钙溶液，可改用市售的10%葡萄糖酸钙注射，但剂量应加大，牛一次静脉注射500～1 500毫升，或静脉注射10%氯化钙，牛一次量150～250毫升。注射后6～12小时病牛如无反应，可重复注射；但最多不得超过3次，并且注射速度要慢，并密切监视心脏情况，一般注射500毫升溶液至少需要10分钟的时间。

（2）乳房送风疗法。向乳房内打入空气的乳房送风疗法，特别适用于对钙疗法反应不佳或复发的病例。牛侧卧保定，挤净乳腺中的积奶并消毒乳头，然后将消过毒而且在尖端涂有少许润滑剂的乳导管插入乳头管内，注入青霉素10万IU及链霉素0.25克（溶于20～40毫升生理盐水内）。然后四个乳区内打满空气，以乳房皮肤紧张、乳腺基部的边缘清楚并且变厚、同时轻敲乳房呈现鼓响音为适宜标准。打入的空气不足，效果不明显；打入空气过量，可使腺泡破裂，发生皮下气肿。乳头孔用胶布密封或用宽纱布条将乳头轻轻扎住，防止空气逸出。待病畜起立后，经过1小时，将纱布条解除。

优点：绝大多数病例在打入空气后约半小时，即能苏醒站立；治疗越早，打入空气数量足够，效果良好。

缺点：技术不熟练或消毒不严时，可引起乳腺损伤或感染。

（3）其他疗法。① 补磷：输钙后病牛机敏活泼，欲起不能时，多伴有严重的低血磷症。此时，可用20%磷酸二氢钠溶液200毫升（或15%，300毫升），或30%次磷酸钙溶液1 000毫升（用蒸馏水或10%葡萄糖溶液配制），一次静脉注射，有较好的疗效。② 补糖：随着钙的补给，血中胰岛素的含量很快提高而使血糖降低，有引起低血糖的危险，故在补钙的同时补糖是重要的。实践证明，把补钙与补糖结合起来，既可纠正高血糖症，又可防止低血糖症，有很好的疗效。③ 促肾上腺皮质激素（ACTH）：每千克体重用ACTH 0.6毫克。④ 针灸：可针百会、滴水、涌泉、尾根、尾本、后海等穴。

6.1.3.5　预防

（1）分娩前限制日粮中钙的含量和分娩后增加钙含量。在干奶期，每头奶牛每日摄入钙量限制在100克以下，增加谷物数量，减少豆科植物及豆饼等。

（2）产后3天内只挤乳池乳量的1/3～1/2，以后每次挤乳量逐量增加，到产后第3天可完全挤净。

6.1.4　乳房炎

奶牛乳房炎是指由各种病因引起的乳腺的炎症，其主要特点是乳汁中白细胞增多以及乳腺组织发生的病理变化。该病不仅降低产奶量，而且影响乳汁品质，危及人类健康。

6.1.4.1　病因

（1）乳房炎发生的最主要原因是各种病原微生物侵入乳腺组织，这些病原微生物包括细菌、真菌、病毒、支原体以及衣原体等，其中最主要最常见的是细菌感染引起。病原菌主要经过乳头侵入乳腺组织，也可由其他组织器官经血循环侵入。

（2）牛舍潮湿不卫生、挤奶不卫生、环境高温高湿等也是乳房炎发生的间接原因。

（3）挤奶操作不当造成机械性损伤，未科学干乳。

（4）长期饲喂高能量高蛋白饲料，矿物质和维生素缺乏，饲料霉败变质。

（5）继发于一些疾病，如产后败血症、子宫内膜炎、子宫颈炎、心包炎、结核病、布鲁氏菌病、胃肠炎等。

6.1.4.2 临床症状

根据临床和病理表现，奶牛乳房炎分隐性乳房炎、临床型乳房炎和慢性乳房炎3种。

（1）隐性乳房炎。也称亚临床型乳房炎是奶牛乳房炎中发生最多的一种。患畜乳腺和乳汁无肉眼可见的异常变化，但特殊检查会发现乳汁中体细胞数增多，电导率和pH值发生异常，同时患畜产奶量降低，乳汁品质下降。

（2）临床型乳房炎。即乳腺或乳汁出现肉眼可见的异常变化，较隐性乳房炎发病率低。① 轻度临床型乳房炎：乳腺病变及临床症状轻微，触诊乳房无明显异常，或仅有轻度发热、疼痛和肿胀，但乳汁可见絮状物或凝块，乳汁稀薄，pH值偏碱，体细胞数和氯化物含量增加。这类乳房炎经过治疗多能痊愈。② 重度临床型乳房炎：乳腺呈现较严重的病变，患病乳区急性肿胀，指压留痕（图6-4，图6-5），皮肤发红，触诊乳房疼痛、发热、有硬块，常抗拒检查；产奶量减少，乳汁异常，呈黄白色或血清样，内有凝乳块；有的全身症状不明显，体温正常或略高，但精神食欲正常；有的伴有明显的全身症状，体温持续升高（40.5～41.5℃），精神萎靡，食欲减少甚至拒食。

图6-4 奶牛乳房炎病例

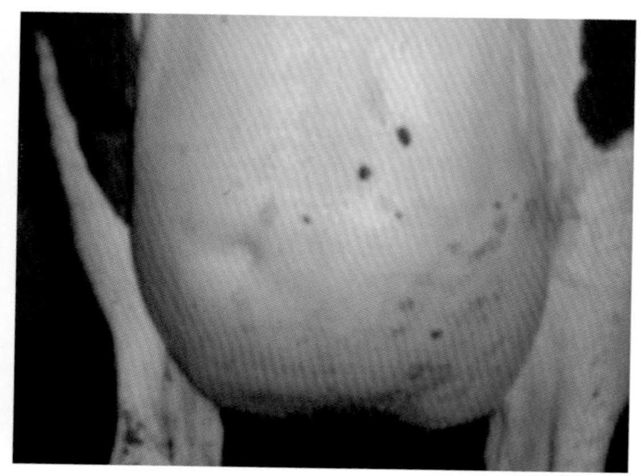

图6-5 典型乳房炎（指压留痕）

（3）慢性乳房炎。慢性乳房炎多是急性乳房炎没及时治疗转变而来，或持续感染而使乳腺组织呈渐进性炎症的病变。患畜乳腺一般不表现临床症状或不明显，也无异常的全身变化，但其产奶量持续低下。病程长的乳腺组织发生纤维化，乳房萎缩。

6.1.4.3 诊断

临床型乳房炎病例根据其乳汁、乳腺组织和全身反应，可作出诊断。隐性乳房炎诊断需要采用一些特殊仪器和检测手段，具体有如下方法。

（1）乳汁体细胞计数。乳汁中体细胞通常有巨噬细胞、淋巴细胞、多形核中性粒细胞和少量乳腺上皮细胞，正常状况下每毫升牛奶中细胞数量不超过20万，乳汁体细胞数超过50万个/毫升即判为乳房炎，特别是白细胞数增加。目前牛乳中体细胞数的测定方法有显微镜计数法、仪器计数法、加州乳房炎检测法（CMT法）等。

（2）乳汁导电率。乳房炎乳汁中氯化钠含量增加，导电率值升高。

（3）其他指标。发生乳房炎时乳汁pH值趋于升高（正常乳汁pH值略偏酸），乳糖浓度降低，而三磷酸腺苷（ATP）含量与乳汁体细胞数呈高度正相关。

6.1.4.4 治疗

（1）临床型乳房炎。以治为主，杀灭侵入的病原菌和消除炎性症状。

① 抗生素的疗法：查明病原菌后做药物敏感性试验，选择敏感抗生素，将抗生素稀释成一定的浓度，通过乳头管直接注入乳池，可以在局部保持较高浓度，达到治疗目的。病情严重者还配合进行全身治疗。

具体操作：先挤净患区内的乳汁或分泌物，为排净乳汁或炎性分泌物，可先肌内注射10～20 IU的催产素，然后挤奶。碘酊或酒精擦拭乳头管口及乳头，经乳头管口向乳池区插入接有胶管的灭菌乳导管或去尖的注射针头，胶管的另一端接注射器，通过注射器向乳池内灌注敏感抗生素生理盐水充分冲洗，然后注入抗生素。注毕抽出导管，以手指轻轻捻动乳头管片刻，再以双手掌自乳头池向乳腺池再到腺泡腺管的顺序轻度向上按摩挤压，迫使药液渐次上升并扩散到腺管腺泡。每日注入2～3次。

② 乳房基底封闭：生产上最常使用乳房基底封闭治疗奶牛临床型乳房

炎，溶液中加入适量抗生素更可提高疗效。如前区患病，从患侧乳房基部和腹壁之间进针，刺向对侧膝关节8～10厘米，注入0.2%～0.5%普鲁卡因溶液50毫升，边注射边退针；如后区患病，操作者在牛后方，在患侧乳房基部离左右乳房中线1～2厘米进针，向同侧腕关节方向刺入8～10厘米，注入0.2%～0.5%普鲁卡因溶液50毫升，边注射边退针，每天1次，连续2～3次。

（2）亚临床型乳房炎或隐性乳房炎：以防为主，防治结合。具体防治措施如下。

① 乳头药浴。在挤奶后，立即用药液浸泡乳头，杀灭附着在乳头末端及其周围和乳头管内的病原体。浸泡乳头的药液，要求杀菌力强、刺激性小、性能稳定、价廉易得。常用的有洗必泰、次氯酸钠、新洁尔灭、聚维酮碘等。

② 乳头保护膜。是一种丙烯溶液，浸渍乳头后，溶液干燥，在乳头皮肤上形成一层薄膜，徒手不易撕掉，用温水洗擦才能除去。保护膜通气性好，对皮肤没有刺激性，不仅能保护乳头管不被病原体侵入，对乳头表皮附着的病原菌还有固定和杀灭作用。

③ 盐酸左旋咪唑（简称左咪唑）。是一种免疫机能调节剂，它能恢复细胞的免疫功能，增强抗病能力。以每千克体重7.5毫克拌精料中任牛自行采食，一天1次，连用2天，效果较好。投药后60天检查，乳区阳性率下降，产奶量上升，乳中脂肪、蛋白质及干物质含量均有所增加。

6.1.4.5 预防

（1）注意保持牛体和环境的清洁，坚持定期消毒圈舍和挤奶场所，尤其挤奶前严格消毒挤奶机管道、乳杯，挤奶前后应对乳房进行清洁消毒。

（2）规范挤奶操作，手工挤奶时要求挤奶人员熟练挤奶技术；机器挤奶时，严格遵守挤奶机操作规程和流程。

（3）挤奶前后药浴乳头，药浴时间30秒。挤奶前后都药浴，比仅在挤奶后药浴效果更好。

（4）重视干乳控制及干乳期乳房保健。干奶期是治疗泌乳期遗留乳房炎的最佳时期，在干奶期向乳房内灌注长效抗菌药物，干奶药不仅具有预防干奶期乳房炎、促进乳腺修复的作用，也具有治疗泌乳遗留乳房炎的作用。

（5）坚持定期或不定期对泌乳奶牛进行隐性乳房炎监测。

6.2 蹄病防治

6.2.1 蹄底溃疡

蹄底溃疡又称局部性蹄皮炎，主要发生在蹄底和蹄球结合部、是蹄底后1/3处的一个局部性病变。通常靠近轴侧缘，真皮有局限性损伤和出血，角质后期有缺损。常常侵害后肢的外侧趾，通常是两侧性的。

6.2.1.1 病因

牛舍卫生不良，蹄在粪尿中长时间浸润，容易引发此病。有机体营养缺乏，特别是慢性消耗性疾病（如慢性焦虫病）也易导致本病发生。

6.2.1.2 临床症状

多发生于后肢的外侧趾的底部近轴侧，在蹄底与蹄球结合部的角质呈现明显或不明显的片状脱落，有压痛，较重病例蹄底角质缺损，暴露真皮。引起真皮的化脓感染，并沿着真皮小叶逐渐向不同方向扩散，严重病例在蹄冠部形成脓肿，并破溃流脓，形成蹄底与蹄冠相通的化脓性窦道。病牛由轻度跛行到严重跛行，甚至站立困难，精神沉郁，食欲减退甚至废绝，产奶量严重下降，最终造成病牛的淘汰。

图6-6 奶牛蹄底溃疡病例

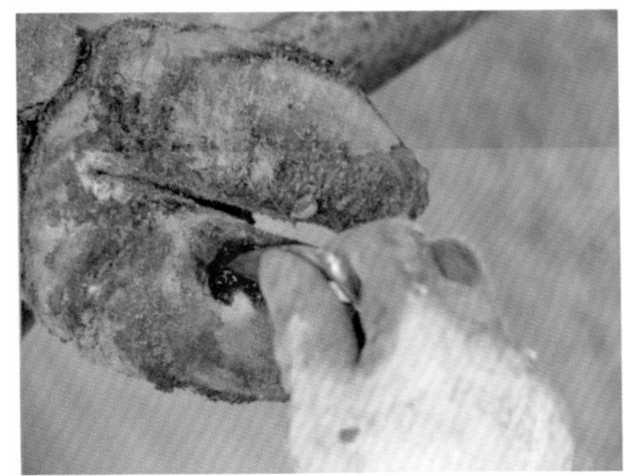

图6-7 奶牛蹄底溃疡外科处理

6.2.1.3 治疗

局部按化脓创严格处理，蹄底填塞松馏油药棉，应全身麻醉或荐尾前位硬膜外麻醉。普鲁卡因全身封闭，0.25%～0.5%的盐酸普卡因0.5～1毫升/千克，改善中枢对局部的调节。静注维生素C、肌苷、辅酶A、ATP，调整物质代谢。

6.2.2 腐蹄病

奶牛趾间皮肤、皮下组织发生的以腐烂、恶臭为特征的疾病的总称为腐蹄病，又称为指趾间蜂窝织炎。奶牛发病率高，特别是在产前、产后。

6.2.2.1 病因

主要是环境卫生不良，整个蹄子长期在粪尿中浸渍，而奶牛趾间部的形态又便于积存粪尿，如果局部有外伤、溃疡更易诱发本病。牧区的牛患此病多属传染病，由特异的病原菌引起，放牧季节多发，作为特异的病原菌，如结节状梭形菌、坏死厌氧丝杆菌、运动梭菌等。

6.2.2.2 临床症状

患部初期一般在蹄间裂的后方，逐渐向前扩展到蹄冠缘，向后蔓延到蹄球，局部皮肤肿胀潮红（图6-8），接着发生溃疡，腐败而恶臭（图6-9），病变向深部可侵害肌腱、腱鞘，甚至关节，很快就会引起全身症状，产奶量下降，运动时出现明显的肢跛，两蹄以上同时发病者站立困难。

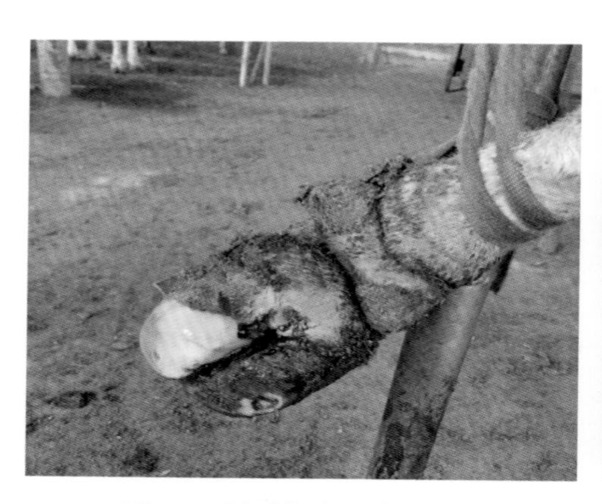

图6-8 蹄球部潮红肿胀病例

图6-9 蹄底溃疡病例

6.2.2.3 治疗

初期病情轻，局部只是潮红肿胀者，每天用10%硫酸铜、0.4%甲醛浸蹄0.5小时即可。病情较重，且已经发生蹄底腐烂的，首先清除腐败分解的坏死组织，用10%的硫酸铜、1%的木焦油醇等消毒药洗净患部，然后撒布抗菌消炎粉或涂松馏油，最后包扎蹄绷带；对于有全身症状的，应该实施全身疗法，全身应用抗生素、磺胺、维生素等，结合0.25%～0.5%的盐酸普卡因0.5～1毫升/千克静脉注射全身封闭。

6.2.2.4 预防

保持圈舍和运动场清洁干燥，运动场不积雨、不存粪尿，定期进行消毒；在挤奶厅入口处设药浴池，定期用10%的硫酸铜或1%的福尔马林进行蹄浴。

6.2.3 蹄叶炎

蹄真皮的无菌性、浆液性炎症叫蹄叶炎。该病主要是蹄尖壁的真皮，而蹄侧壁和蹄踵壁很少发现。牛以两后蹄发病多，两前蹄或四肢同时发病的较少。分为急性、亚急性和慢性3种。

6.2.3.1 病因

致病原因和机制目前还没有完全搞清楚，一般认为蹄叶炎是全身代谢紊乱的局部体现。多数认为饲喂精料过多，引起消化不良，肠壁黏膜吸收毒素，血液循环紊乱而导致本病。再有，牛受到风寒侵袭、牛蹄结构异常等可以诱发本病。也可继发于胃肠炎、瘤胃酸中毒、疝痛等疾病。

6.2.3.2 症状与诊断

（1）急性蹄叶炎：急性蹄叶炎的患病动物表现为精神沉郁，食欲减少，不愿站立和运动。

姿势变化。临床上一般根据这些特异的姿势可初步诊断为蹄叶炎。① 两前蹄发病：站立时头颈高抬，两前肢前伸，蹄踵部着地负重，两后蹄也向前伸，整个身体重心向后移。运动时，不愿走动；走动时，两前蹄迈步急促短小。② 两后蹄发病：头颈下垂，腰背弓起，两后肢前踏，两前肢后踏，四肢集于腹下（图6-10）。③ 四蹄发病：站立困难，强迫站立时，与前两只蹄发病相似，蹄踵着地，重心后移，站一段时间后身体逐渐前移，呈正常姿势。一会儿重心又后移。

蹄部变化。蹄温升高，叩诊蹄尖壁疼痛明显，指动脉博亢进。

图6-10　奶牛两后蹄蹄叶炎病例

（2）慢性蹄叶炎：症状比较轻，主要是蹄部变形，逐渐形成芜蹄（图6-11），蹄尖壁倾斜度加大，蹄冠前下方凹陷，蹄壁上出现不规则的蹄轮。严重病例蹄内部蹄骨转位，蹄骨尖向后向下转位，长期下去蹄骨尖可以穿透蹄底。

图6-11　奶牛慢性蹄叶炎病例

6.2.3.3　治疗

（1）急性蹄叶炎。① 对因疗法。除去病因，改善饲养管理，多饮水多加点盐，少吃精料。料伤引起的蹄叶炎，要清理肠胃，一般用缓泻剂，如硫酸钠配小苏打，或用人工盐。② 物理疗法。主要是冷蹄浴或温蹄浴。③ 放血疗法。大量放蹄头、胸膛，肾膛血，甚至可以颈静脉放血1 000毫升左右，放血过多要输液，并加注5%碳酸氢钠溶液。目的是改善局部或全身的血液循环。④ 脱敏疗法。用可的松制剂、苯海拉明、氯化钙、维生素C等。⑤ 封闭疗

法。用0.5%普鲁卡因进行掌（跖）内外侧神经封闭。⑥ 祛除风湿。风湿性蹄叶炎用水杨酸钠制剂。

（2）慢性蹄叶炎。形成芜蹄的，主要是削蹄来慢慢矫正。多削蹄尖和蹄踵。

6.3 生殖道疾病防治

6.3.1 胎衣不下（胎衣滞留）

奶牛分娩后胎衣在正常的时限内排不出来。牛产后排出胎衣的正常时限为12小时，如超过以上时间仍不能排出的视为异常。有的地区奶牛胎衣不下约占健康分娩牛的10%，有些奶牛场甚至高达25%～40%。胎衣不下还可引起子宫内膜炎而导致不孕不育。

6.3.1.1 病因

主要与产后子宫收缩无力、怀孕期间胎盘发生炎症及胎盘结构有关。产后子宫收缩无力。怀孕期间，饲料单一、缺乏矿物质及微量元素和维生素，特别是缺乏钙盐与维生素A；孕畜消瘦、过肥、运动不足等，都可使子宫弛缓，收缩无力。胎水过多及胎儿过大，使子宫过度扩张，可继发产后子宫阵缩微弱；流产、早产、难产、子宫捻转时，产出或取出胎儿以后子宫收缩力往往很弱。怀孕期间子宫受到微生物感染（如布鲁氏菌、沙门菌、李氏杆菌、胎儿弧菌、生殖道霉形体、霉菌、组织滴虫、弓形体或病毒等引起的感染），发生轻度子宫内膜炎及胎盘炎，导致结缔组织增生，使胎儿胎盘和母体胎盘发生粘连，流产后或产后易于发生胎衣不下。胎盘未成熟或老化。胎盘在妊娠期满前2～5天成熟，早产时间越早，胎衣不下的发生率越高。胎盘进一步老化时，母体胎盘结缔组织增生，使母体胎盘与胎儿胎盘更难于分离。高温季节，可使怀孕期缩短，增加胎衣不下的发病率。产后子宫颈收缩过早，妨碍胎衣排出，也可以引起胎衣不下。

6.3.1.2 症状与诊断

牛发生胎衣不下时，常表现拱背努责。经过1～2天，滞留的胎衣就腐败分解，夏天腐败更快；从阴道内排出污红色恶臭液体，内含腐败的胎衣碎片，卧下时排出得多。由于感染及腐败胎衣的刺激，发生急性子宫内膜炎。腐败分解产物被吸收后，出现全身症状。病牛精神不振，体温稍高，食欲及反刍略微减少；胃肠机能扰乱，有时发生腹泻、瘤胃弛缓、积食及臌气。

牛的胎衣不下，一般预后良好，多数牛经过1个月左右，胎衣腐败分解，自行排尽，这和牛子宫的生理防卫能力较强有关；然而常常引起子宫内膜炎、子宫积脓等，影响以后怀孕。胎衣不下分为胎衣全部不下和胎衣部分不下两种。

（1）胎衣全部不下。即整个胎衣未排出来，胎儿胎盘的大部分仍与母体胎盘连接，仅见一部分已分离的胎衣悬吊于阴门之外（图6-12），呈土红色、灰红色或灰褐色的绳索状。严重子宫弛缓的病例，胎衣则可能全部都滞留在子宫内；有时悬吊于阴门外的胎衣可能断离；在这些情况下，只有进行阴道或子宫触诊，才能发现子宫内还有胎衣。

图6-12　奶牛胎衣不下

（2）胎衣部分不下。即胎衣大部分已经排出，只有一部分胎盘残留在子宫内，从外部不易发现。诊断的主要根据是恶露排出的时间延长，有恶臭味，含有腐烂的胎衣碎片。

6.3.1.3　治疗

治疗原则是尽早采取治疗措施，防止胎衣腐败分解，促进胎衣排出，抗菌消炎，在条件适宜时剥离胎衣。治疗胎衣不下的方法很多，概括起来可以分为药物疗法和手术疗法两大类。

（1）药物疗法。牛产后经过12小时，如胎衣仍不排出，即应根据情况选用下列方法进行治疗。

促进子宫收缩，加速胎衣排出。为加速排出子宫内的胎衣，可以先肌内注射苯甲酸雌二醇20毫克。1小时后肌内或皮下注射催产素50～100 IU，2小时后可重复注射一次。催产素需早用，牛最好在产后12小时以内注射，超过24～48小时，效果不佳。

灌服羊水也可引起子宫收缩，促使胎衣排出。如灌服后2～6小时不排出胎衣，可再灌服1次。羊水可在分娩时收集，放在阴凉处，防止腐败变质。

促进胎儿胎盘与母体胎盘分离。在子宫内注入一定量的5%～10%盐水，可促使胎儿胎盘缩小，与母体胎盘分离；高渗盐水还有促进子宫收缩的作用。但注入后须注意使盐水尽可能完全排出。

子宫内投药，防止胎衣腐败及子宫感染。向子宫内投放四环素、土霉素、磺胺类或其他抗生素，起到防止腐败，延缓溶解的作用，然后等待胎衣的自行排出。可在子宫黏膜与胎衣之间放置粉剂土霉素或四环素1～2克，把药物装入胶囊或用水溶性薄膜纸包好置放于两个子宫角中，隔日1次，共用2～3次，效果良好。子宫内治疗可同时肌内注射催产素。如子宫颈口已缩小，可先注射雌激素，如己烯雌酚、苯甲酸雌二醇等，使子宫颈口松软开张，便于排出积液及放置药物。雌激素且能增强子宫收缩，促进子宫的血液循环，提高子宫的抵抗力；可每日或隔日注射1次，共用2～3次。

肌内注射抗生素。在胎衣不下的早期阶段，常常采用肌内注射抗生素的方法，防止感染。当出现体温升高、产道损伤等情况时，还应根据临床症状的缓急，增大药量，或改为静脉给药，并配合使用支持疗法。

（2）手术疗法：容易剥离就坚持剥，否则不可强行剥离；不能完全剥净时，坚决不剥；体温升高不能剥。剥离胎衣应做到快（5～20分钟内剥完）、净、轻，严禁损伤子宫内膜。

奶牛胎衣不下手术剥离宜在产后10～36小时内进行。过早，由于母子胎盘结合紧密，剥离时不仅因疼痛而母畜强烈努责，而且易于损伤子宫造成较多出血；过迟，由于胎衣分解，胎儿胎盘的绒毛断离在母体胎盘小窦中，不仅造成残留，而且易于继发子宫内膜炎，同时可因子宫颈口紧缩而无法进行剥离。胎衣剥离完毕后，因子宫内可能尚存有胎盘碎片及腐败液体，必须用0.1%高锰酸钾、0.1%新洁尔灭或其他刺激性小的消毒溶液冲洗，清除子宫中的感染源，反复冲洗2～3次，至流出的液体基本清亮为止。冲洗完后，子宫内要放置抗生素等药物，隔日1次，连用2～3次，防止子宫感染。

子宫有明显炎症的奶牛，剥离完后，不宜冲洗子宫，仅将抗菌药物放入子宫即可。手术剥离后数天内，要注意检查病畜有无子宫炎及全身情况。一旦发现变化，要及时全身应用抗生素治疗。胎衣不下治愈后，配种可推迟1～2个发情周期，使子宫有足够的时间恢复。

6.3.1.4 预防

怀孕奶牛要饲喂含钙、维生素丰富的饲料；舍饲牛要适当增加运动时间，产前一周减少精料；分娩后让母畜自己舔干仔畜身上的黏液，尽可能灌服羊水，并尽早让仔畜吮乳或挤乳；分娩后立即注射葡萄糖酸钙溶液或饮益母草及当归煎剂或水浸液，亦有防止胎衣不下的效用；分娩后注射催产素50 IU，可降低胎衣不下的发病率。

6.3.2 子宫内膜炎

子宫内膜炎是子宫黏膜的炎症，是常见的一种奶牛生殖器官疾病，也是导致奶牛不孕、不育的重要原因之一。

6.3.2.1 病因

（1）外源性因素。配种、人工授精及阴道检查时消毒不严；难产、胎衣不下、子宫脱出及产道损伤之后，或剖宫产时无菌操作不严等情况下，细菌（双球菌、葡萄球菌、链球菌、大肠杆菌等）侵入而引起。此外，在布鲁氏菌病、附红细胞体病、副伤寒等传染病时，也常发生子宫内膜炎。

（2）机体抵抗力下降。阴道内存在的某些条件性病原菌，在机体抵抗力降低时，亦可发生该病。

6.3.2.2 症状及诊断

依其发病经过，分为急性和慢性；就其炎症性质，分为黏液脓性和纤维蛋白性。黏液脓性子宫内膜炎、纤维蛋白性子宫内膜炎，多为急性经过，但也可转为慢性。

（1）黏液脓性子宫内膜炎：仅侵害子宫黏膜，表现体温略微升高，食欲不振，泌乳量降低，拱背、努责、常作排尿姿势，从阴道内排出黏液性渗出物或黏液脓性渗出物，卧地时排出量增大，阴门周围及尾根常黏附渗出物并干涸结痂（图6-13）。

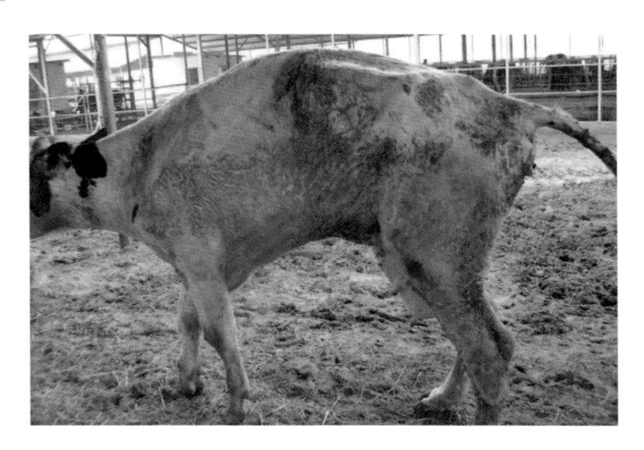

图6-13 子宫炎奶牛努责、消瘦

阴道检查，子宫颈稍微开张，有时可见脓性渗出物从子宫颈流出。直肠检查，触感一个或两个子宫角变大，宫壁变厚，收缩反应微弱，有痛感，当其中渗出物积聚多量时尚感到波动。

（2）纤维蛋白性子宫内膜炎：不仅侵害子宫黏膜，而且侵害子宫肌层，因而导致纤维蛋白原的大量渗出。表现体温升高，精神不振，食欲减退或废绝，反刍及泌乳减少或停止；常努责，从阴门流出污红色或棕黄色的恶臭渗出物，内含黏液及污白色的黏膜组织碎片，卧地时排出增多，并常黏附于阴门周围和尾根上（图6-14）。将手伸入子宫，感到子宫黏膜表面粗糙。继续发展，可引起子宫穿孔或败血症。

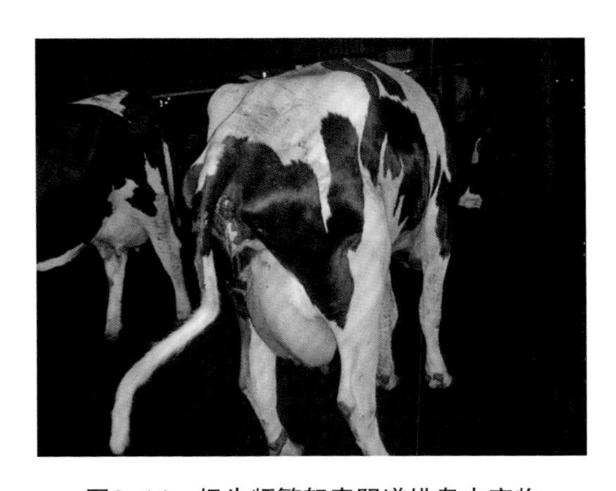

图6-14 奶牛频繁努责阴道排臭内容物

（3）慢性子宫内膜炎：多由急性炎症转变而来，常无明显的全身症状，有时体温略微升高，食欲及泌乳稍减。阴道检查，子宫颈略开张，从子宫流出透明、混浊或杂有脓性絮状渗出物。直肠检查，触感子宫松弛，宫壁增厚，收缩反应微弱，一侧或两侧子宫角稍大。有的在临床症状、直肠及阴道检查，均无任何变化，仅屡配不孕，发情时从阴道流出多量不透明的黏液，子宫冲洗物静置后有沉淀物（隐性子宫内膜炎）。当脓液积蓄于子宫时（子宫蓄脓），子宫增大，宫壁增厚，感有波动，触摸无胎儿及子叶；当浆液积蓄于子宫时（子宫积液），子宫增大，宫壁变薄，感有波动，触摸无胎儿或子叶。

6.3.2.3 治疗

一般在改善饲养管理的同时，及早进行局部处理，常能收到好的疗效。

（1）子宫冲洗。是治疗子宫内膜炎的有效方法。当子宫颈封闭，插管有困难时，可用雌激素刺激，促使子宫颈松弛开张，再进行冲洗。冲洗子宫应严格遵守无菌操作。冲洗液的温度一般为35～45℃较好，每次冲洗液的数量不宜过大，一般500～1 000毫升，并分次冲洗直至排出的溶液变透明为止，冲洗的液体应当尽量排出来，必要时经直肠轻轻按摩子宫，促进冲洗液排出。常用的冲洗液及适应证：

慢性化脓性子宫内膜炎：用低浓度消毒液，如0.02%～0.05%高锰酸钾，0.01%～0.05%新洁尔灭或洗必泰溶液，也可用高渗盐水。

慢性卡他性子宫内膜炎：1%～10%氯化钠溶液，该冲洗液可防止被吸收，有利于排出体外，而且还可促进子宫收缩，对应用其他消毒液效果不好的病例效果显著，随着渗出物的减少，冲洗液的浓度也随之降低。在配种前1～2小时用生理盐水（加入20万IU青霉素）或1%小苏打溶液冲洗子宫及阴道，可提高受胎率。

子宫冲洗的次数应根据子宫内膜炎的性质而定。患慢性子宫内膜炎时一般子宫内积聚的渗出物不多。冲洗子宫可以每天或隔日一次，若为黏液脓性子宫内膜炎或纤维蛋白子宫内膜炎则每天冲洗2～3次，直到渗出物减少为止，可改为每天1次或隔日1次。

（2）子宫内灌注抗生素及消毒药液。冲洗排液后，选用以下药液灌注于子宫内。

慢性化脓性子宫内膜炎：0.5%金霉素或青、链霉素溶液100～200毫升，或青霉素、链霉素各50万～100万IU，溶于150～200毫升鱼肝油中，再加入垂体后叶素或催产素10～15 IU，每天1次，4～6天后隔日1次。

慢性子宫内膜炎：如其渗出物不多时，可选用碘甘油合剂（1克碘+2克碘化钾+100毫升水+100毫升甘油）、复方碘溶液20～40毫升。

隐性子宫内膜炎：在配种前1～2小时，先用生理盐水或1%碳酸氢钠溶液500毫升冲洗子宫后，注入青霉素40万～100万IU，或再加入链霉素100万IU，在配种前20分钟注入子宫，都可提高受胎率。

（3）应用子宫收缩剂。可给予己烯雌酚、垂体后叶素、缩宫素等，增强子宫收缩力，促进子宫收缩，促进渗出物的排出。

当感染严重而引起败血症时，应在实施局部治疗的同时，进行全身治疗。冲洗子宫是重要的，但对纤维蛋白性子宫内膜炎和坏死性子宫内膜炎，冲洗则是不适宜的，此时投入抗生素是必需的。

6.3.2.4 预防

临产和产后，应对阴门其周围消毒，保持产房和厩舍的清洁卫生；配种、人工授精及阴道检查时，应注意器械、术者手臂和外生殖器的消毒；正产和难产时的助产以及胎衣不下的治疗，要及时、正确，以防损伤感染。

6.3.3 阴道炎

奶牛阴道炎是奶牛阴道黏膜的炎症。

6.3.3.1 病因

原发性的阴道炎主要是由于配种、分娩、难产助产及阴道检查时的不规范操作所致的阴道损伤和感染。继发性的阴道炎主要是由于子宫内膜炎、膀胱炎、尿道炎等邻近组织器官的炎症蔓延所致，或者是由于胎衣及胎儿宫内腐败等引起的。

6.3.3.2 症状

依炎症过程分为急性和慢性。按炎症性质分为卡他性、脓性及蜂窝织炎性。

（1）急性阴道炎。前庭及阴道黏膜呈鲜红色，肿胀而疼痛。阴道渗出物增多，从阴道排出卡他性或脓性渗出物，阴道频频开闭，且常作排尿姿势（前庭及阴蒂受炎性刺激呈现假发情现象）。① 卡他性炎症。阴道色暗，黏膜表面附有卡他性渗出物。擦去渗出物后，即见黏膜充血。② 脓性炎症时。阴道黏膜水肿、疼痛，并有多量脓性渗出物从阴道流出。有的体温升高，精神沉郁，排尿时有痛感（呻吟、拱背）。③ 蜂窝织炎时。阴道黏膜剧烈水肿，疼痛明显，体温升高，精神沉郁，个别病畜阴道发生脓肿和溃烂（图6-15）。

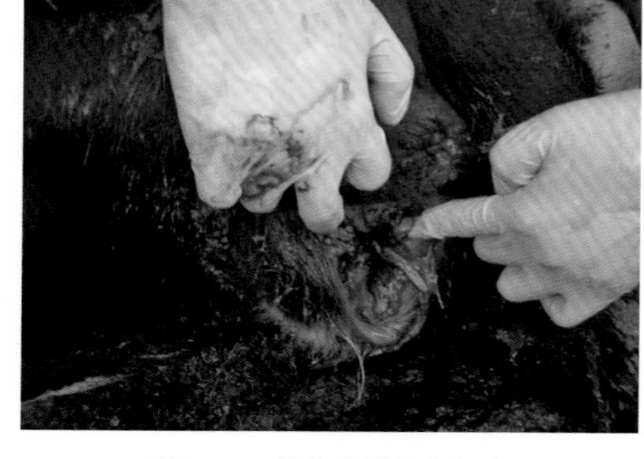
图6-15　奶牛阴道蜂窝织炎

（2）慢性阴道炎。症状不是很明显。阴道苍白致密，颜色不匀，上有少许卡他性或脓性渗出物，有的见有溃疡、瘢痕和粘连。

滴虫性阴道炎：阴道分泌物增多，色灰黄、呈絮状、带泡沫，有臭味。阴道检查时，黏膜充血，有红色小结节，以阴道前庭最多出现，阴道底壁粗糙变硬。妊娠母牛发病后，常在妊娠期的前3个月内发生流产。阴道分泌物悬滴检查，可发现活动的阴道滴虫。

6.3.3.3　治疗

（1）阴道冲洗。以2%碳酸氢钠溶液冲洗后，选用0.1%高锰酸钾、0.1%雷佛奴尔、0.5%明矾或生理盐水等溶液充分洗涤阴道。

中药煎剂冲洗：苦参、龙胆草各15克，或蛇床子30克煎水1 000毫升灌洗。滴虫性阴道炎，可选用1%乳酸、0.5%醋酸溶液、1%红汞或复方碘溶液灌洗。

（2）阴道内用药。药物灌洗后，选用磺胺软膏，抗生素软膏，磺胺及抗生素药粉涂布于阴道黏膜上。有溃疡时可涂布2%硫酸铜或放入抗生素栓剂、洗必泰栓剂，每晚一次，10次为一个疗程。

大蒜疗法对顽固性阴道炎最为有效。大蒜20～30克，去皮捣碎，用纱布包成条状塞入阴道，每次放置2小时，1次/天，连用6～10天。

滴虫性阴道炎，以蛇床子软膏效果较好；也可用灭滴灵浸入纱布作阴道填塞；或者阴道内放入甲硝唑片。

真菌性的阴道炎，长期使用抗生素的要停药。阴道内放入制霉菌素片或栓剂，每晚放入阴道内1次，10次为一个疗程；或者阴道内放入酮康唑片或栓剂，7天为一个疗程；也可用1%的甲紫溶液涂抹阴道壁，每周3～4次，连用2周。

（3）全身疗法。对脓性阴道炎及蜂窝织炎性阴道炎，除局部治疗外，应施行全身疗法。对继发于其他疾病的阴道炎，在治疗局部症状的同时，积极治疗原发病。对顽固型和慢性感染的阴道炎，应进行细菌培养和药敏试验后选择最佳药物治疗。

6.3.3.4 预防

在配种、分娩及助产时的检查和操作，要注意保护阴道和做好消毒卫生工作，以防对阴道的损伤和感染。对其原发病，应及时治疗。

6.4 “两病”净化与防控

6.4.1 布鲁氏菌病（简称布病）净化

布病是由布鲁氏菌引起人兽共患的一种慢性传染病。本病主要特征是妊娠母牛发生流产，胎衣不下，生殖器官及胎膜发炎，公牛发生睾丸炎。布病净化是通过对牛羊场/户进行监测、免疫、消毒、对布鲁氏菌阳性畜进行隔离、扑杀、消毒和无害化处理等防疫措施、根除场/户及区域布鲁氏菌，并通过血清学和病原学监测，证明牛羊无布鲁氏菌感染的活动。

6.4.1.1 病原特性

布鲁氏菌对外界环境因素抵抗力强，在土壤中可存活20～120天，水中可存活75～150天，在乳、肉类食品中可存活2个月，对干燥和寒冷抵抗力较强。布鲁氏菌对青霉素不敏感；对庆大霉素、卡那霉素、链霉素及氯霉素敏感。常用消毒药，如来苏水、3%石灰乳均能在数分钟内将其杀死。

6.4.1.2 流行病学

传染源。病畜及带菌动物是布病主要的传染源。病母畜在流产时，随流产胎儿、胎衣、羊水和阴道分泌物排出大量布鲁氏菌。此外，病畜还可通过乳汁、精液、粪便排出病原污染环境、牛舍及其他物品而引起传染。

传播途径。主要通过消化道、皮肤创口、眼结膜、黏膜、生殖道、昆虫叮咬、交配或输精传播。此外，封闭空间中如果有高浓度布鲁氏菌的气溶胶存在也可能通过呼吸道感染。

易感动物。主要有牛、羊、猪和人。

6.4.1.3 症状

布病潜伏期为两周至半年，妊娠母牛的主要症状为流产，流产通常发生于妊娠第5～7个月。流产前一般体温不高，主要表现阴唇和阴道黏膜红肿，从阴道流出灰白色或浅褐色黏液，乳房肿胀，泌乳量减少，继而发生流产，流产胎儿多为死胎，即使产出时存活，也因衰弱而不久死亡。病牛流产后常发生胎衣不下的情况，若治疗不及时，可能发生慢性子宫炎，引起不孕。

此外，病牛群常见的症状还有关节炎，表现为关节肿胀，疼痛，喜卧，通常为膝关节和腕关节发病。病牛表现跛行。

6.4.1.4 群体监测

牧场或收奶站可采用奶牛全乳环状试验（MRT）或间接ELISA进行群体监测。

（1）器材。微量移液器，灭菌移液器吸头，内径为1厘米的灭菌试管。

（2）试剂。商品化布鲁氏菌全乳环状试验抗原。

（3）乳样。受检乳样应为新鲜的全乳或混合乳；采乳样时应将奶牛的乳房用温水洗净、擦干，然后将乳汁（前3把乳不作为检测用）挤入洁净的器皿中；采集的乳样夏季时应于当日内检测。

（4）操作方法。将乳样和布鲁氏菌全乳环状试验抗原平衡至室温；取乳样1 000微升，加于灭菌凝集试管内；取充分振荡混合均匀的布鲁氏菌全乳环状试验抗原50微升加入乳样中充分混匀；置37～38℃水浴中孵育60分钟；孵育后取出试管勿使振荡，立即进行判定。

（5）结果判定。强阳性反应（+++），乳柱上层乳脂形成明显红色的环带，乳柱白色，临界分明；阳性反应（++），乳脂层的环带呈红色，但不显著，乳柱略带颜色；弱阳性反应（+），乳脂层的环带颜色较浅，但比乳柱颜色略深；疑似反应（±），乳脂层的环带颜色不明显，与乳柱分界不清，乳柱不褪色；阴性反应（-），乳柱上层无任何变化，乳柱颜色均匀。

如图6-16所示，1、2、3、5号为阴性，4号为阳性。

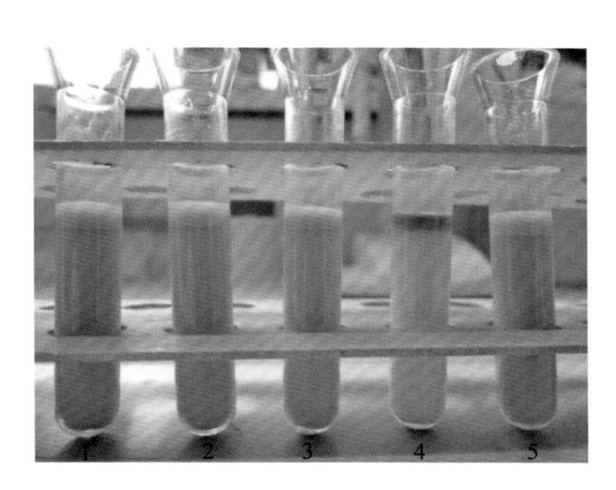

图6-16 全乳环状试验（MRT）结果

6.4.1.5 个体筛查

牧场可对全群采用虎红平板凝集试验（RBT）进行初步筛查，用间接ELISA、竞争ELISA或补体结合实验进行确诊。每年春、秋季对全群至少筛查1次。

（1）器材。微量移液器，灭菌移液器吸头、牙签或混匀棒，计时器，洁净的玻璃板（其上划分成4平方厘米的方格）。

（2）试剂。商品化的布鲁氏菌虎红平板凝集试验抗原、布鲁氏菌标准阳性血清和布鲁氏菌标准阴性血清。

（3）操作方法。按常规方法采集和分离受检血清；将受检血清、布鲁氏菌标准阴、阳性血清和抗原从冰箱取出平衡至室温；涡旋混匀血清和抗原，分别吸取25微升的血清和抗原加于玻璃板4平方厘米方格内的两侧；用灭菌牙签或混匀棒快速混匀血清和抗原，涂成2厘米直径的圆形，混匀后4分钟，在自然光下观察；试验应设标准阴、阳性对照。

（4）结果判定。在标准阴性血清不出现凝集、标准阳性血清出现凝集时，试验成立，方可对受检血清进行判定。出现肉眼可见凝集现象者判定为阳性（+），无凝集现象且反应混合液呈均匀粉红色者判定为阴性（-）。

6.4.1.6 净化

饲养场应按照国家法律、法规和地方有关政策及技术规范要求实施净化。

6.4.1.7 防控措施

（1）扑灭传染源。每年至少开展2次布病检疫，隔离淘汰阳性牛，关注牧场早流产率，早流产牛只可用病原检测方法进行检测，阳性牛及时隔离处理，对污染物进行焚烧深埋，污染区域消毒处理。

（2）犊牛饲喂。新生犊牛饲喂的初乳和常乳必须经过巴氏杀菌方可饲喂。推荐巴氏杀菌程序：初乳60℃，1个小时；常乳65℃，30分钟。

（3）切断传播途径。严格执行牧场外来人员、车辆消毒管理；场内重点对TMR车车轮进行定期消毒。加强牧场环境消毒，做好牧场蚊蝇防控，管控好猫狗，禁止猫狗吃胎衣，减少牛群调动。

（4）制度落实。饲养场应建立防疫基本条件、疫病监测、疫情报告、饲料兽药等投入品控制、人员管理、动物调入调出、消毒、无害化处理、动物标识和养殖档案管理等管理制度，配备相关基础设施，并有效落实。

（5）风险评估。饲养场应定期对区域流行情况、病原传入风险因素进行风险评估，评估要素至少包括：人员因素、引入动物、车辆入场、饲料饲草、野生动物和其他易感动物、环境、粪污、产房、病死动物、阳性动物扑杀、消毒措施等，依据风险评估结果制定生物安全管理措施，并确保相关措施得到落实。

（6）人员防护。饲养场应配备口罩、手套、护目镜、防护服、消毒药品、消毒喷雾器、密封袋等防护物资。人员进入圈舍需佩戴口罩、穿工作服、胶鞋等必备的防护用品，接触病畜的排泄物、分泌物、胎盘、死胎及接生过程，需穿防护服、戴手套和护目镜，禁止赤手接产及直接接触流产胎儿等。

6.4.2 牛结核病的防控

牛结核病一年四季均可发生，一般舍饲的牛较为多发。畜舍拥挤、阴暗、潮湿、污秽不洁，过度使役和挤乳，营养不良等均可以促进本病的发生和传播。潜伏期一般为3～6周，有时可长达数月以上。

6.4.2.1 牛结核病临床症状

临床通常呈慢性经过，表现为进行性消瘦，咳嗽、呼吸困难，体温一般正常。在牛中分枝杆菌多侵害肺、乳房和肠等。

（1）肺结核。病初易疲劳，有短促干咳，渐变为脓性湿咳，病情严重者可见呼吸困难，奶量大减；听诊肺区有啰音，胸膜结核时可听到摩擦音；叩诊有实音区并有痛感。

（2）乳房结核。一般先是乳房淋巴结肿大，继而乳腺区发生局限性或弥漫性硬结，硬结无热无痛，表面凹凸不平；泌乳量减少，乳汁稀薄，严重时停止泌乳。

（3）肠结核。多见于犊牛，迅速消瘦，以便秘与下痢交替出现或顽固性下痢为特征，粪便混有黏液和脓。

（4）生殖器官结核。性欲亢进，不断发情但屡配不孕，流产。

（5）神经结核。中枢神经系统受侵害时，在脑和脑膜等可发生粟粒状或干酪样结核，常引起神经症状，如癫痫样发作，运动障碍等。

6.4.2.2 病理特征

机体多组织器官形成白色的结核结节性肉芽肿和干酪样、钙化的坏死病灶。组织器官病变特征见图6-17。

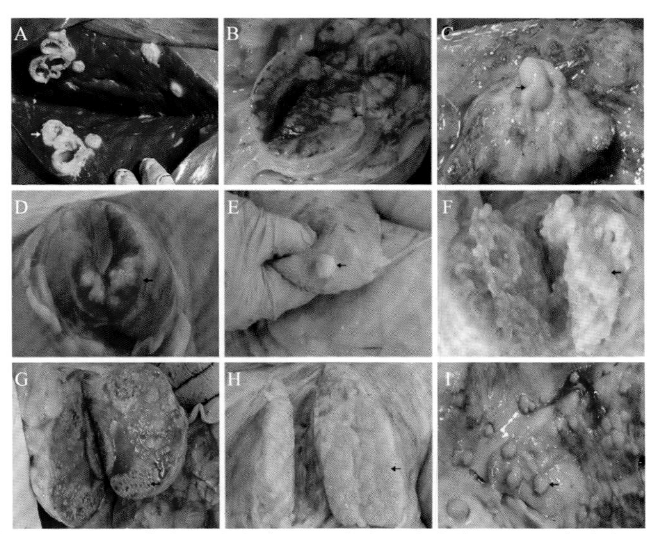

A. 肝脏结核空洞化；B. 乳房淋巴结结节；C. 胃淋巴结结节；D. 肠系膜淋巴结结节；E. 脾脏结节；F. 肠道淋巴结结节；G. 肺门淋巴结结节；H. 肺脏结节；I. 胸腔胸膜粟粒多发性结核（“珍珠”样）

图6-17 组织器官病变特征

6.4.2.3 牛结核病的传播途径

病畜是牛结核病的主要传染源。有肺结核的病牛，特别是形成肺空洞又与支气管相连的“开放性”病牛，可通过呼吸道排菌。发生肠结核的病牛可经粪便排出病菌。乳房结核的病牛，其病菌主要存在奶中。病原菌污染饲料、饲草、饮水、牛奶、周围环境等，健康牛可通过呼吸道、消化道感染，也可通过交配感染或经胎盘传播。此外，人主要因饮用未经巴氏杀菌的牛奶及食用病畜感染牛结核病，此外，人吸入含菌气溶胶也可能感染。

6.4.2.4 牛结核病场内检疫

每年的春秋季节对牛场的所有牛群各进行一次结核菌素皮内变态反应检疫，以及时发现病牛和疑似病牛。如果需要补充牛群，要做好反复检疫，确定阴性者才可引进，然后隔离观察1个月再进行检疫，阴性者才能混群饲养。

结核菌素皮内变态反应（皮试）具体操作步骤和结果判定。

（1）试剂配制。牛型PPD（提纯蛋白衍生物），根据使用说明将原液用灭菌生理盐水或稀释用水稀释至使用浓度（20 000 IU/毫升）。PPD冻干粉稀释：在无菌状态下吸取一定量的灭菌生理盐水或稀释用水，注入冻干粉玻璃瓶中，充分摇匀后使用，应现配现用。

（2）注射部位及术前处理。记录牛号。采用颈侧（图6-18）中部上1/3处或尾根部（图6-19）进行皮内注射，3个月以内的犊牛也可在肩胛部进行。对注射部位剪毛，直径约10厘米，用卡尺测量术部中央皮皱厚度，做好记录。注意，注射部位应无明显的病变。

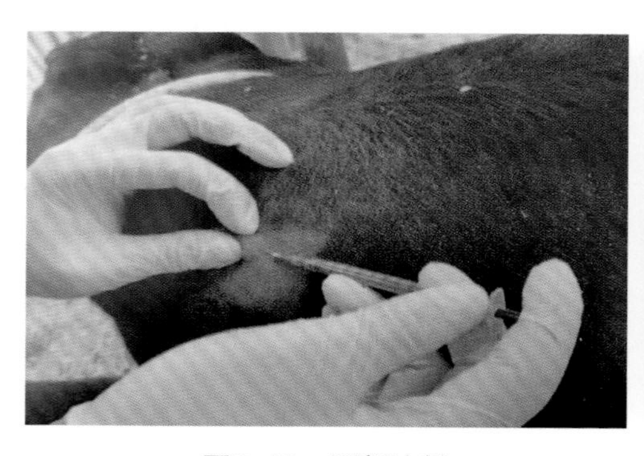

图6-18 颈部注射

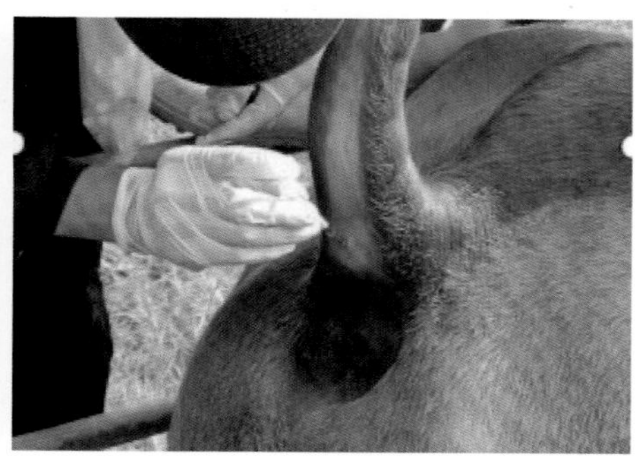

图6-19 尾根部注射

（3）注射方法及剂量。在颈部同侧、肩胛部同侧应间隔约12～15厘米，或在不同侧进行。尾根部采用不同侧（左侧或右侧）无毛的褶皱部进行注射，用75%酒精消毒注射部位，在皮内注入牛型PPD（2 000 IU）0.1毫升或按试剂说明书配制的剂量。皮内注射方法示意如图6-20所示。

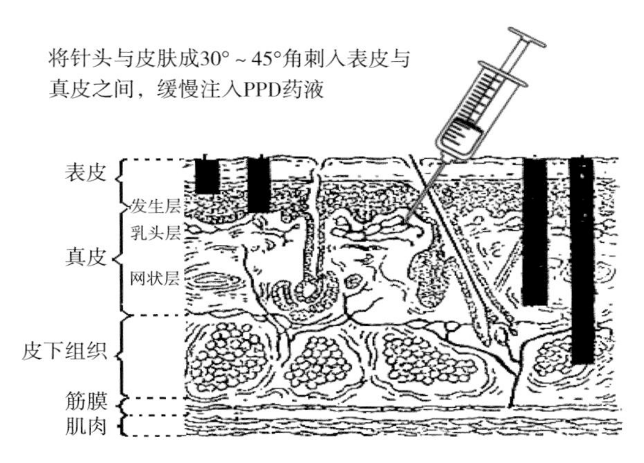

图6-20　皮内注射方法示意

（4）注射次数和观察反应。皮内注射后经72小时判定，仔细观察局部有无热痛、肿胀等炎性反应（图6-21），并以卡尺测量皮皱厚度（图6-22），做好详细记录。对疑似反应牛应立即在另一侧以同一批PPD同一剂量进行第2回皮内注射，再经72小时观察反应结果。对阴性牛和疑似反应牛，于注射后96小时和120小时再分别观察一次，以防个别牛出现较晚的迟发型变态反应。

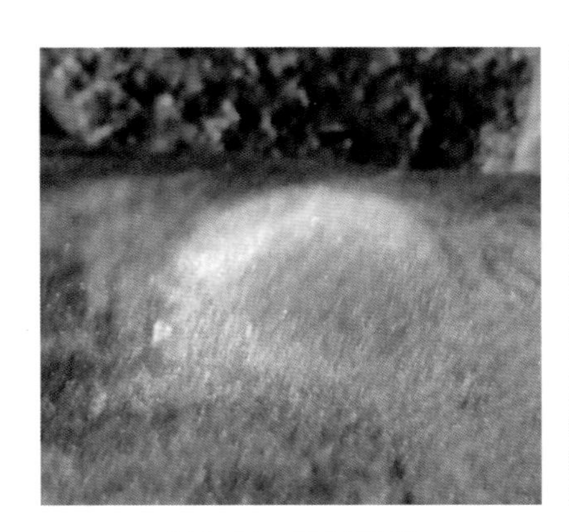

图6-21　肿胀反应

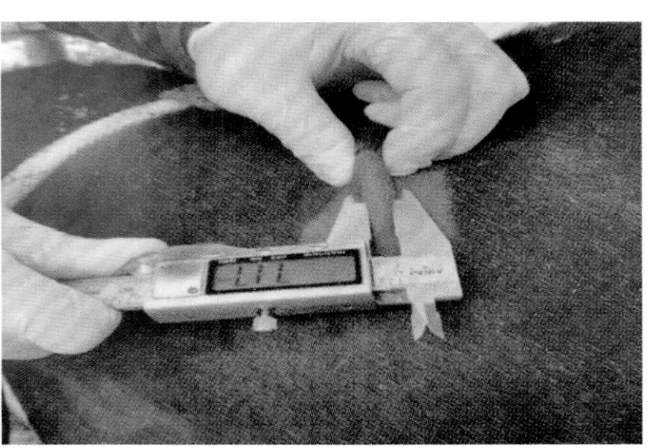

图6-22　测量皮皱厚

（5）结果判定。颈部注射：注射部位前后出现明显的炎性反应，皮皱厚差值大于或等于4毫米，判为阳性；无明显炎性反应，且皮皱厚差值为2～4毫米，判为可疑；无明显炎性反应，皮皱厚值小于或等于2毫米，判为阴性。对于已确认感染的牛群，皮试出现任何可触摸或可见的肿胀反应均判为阳性。尾根部注射：出现可触摸或可见的炎性反应（当出现两侧褶皱部时，注射一侧的褶皱部与对侧的褶皱部厚度差达4毫米及以上；当仅出现一侧褶皱部时，其尾褶厚度达8毫米及以上）判为阳性；未出现可触摸或可见的炎性反应判为阴性。

（6）复检。判为可疑反应的，于42天后进行复检。结果仍为可疑或阳性的，判为阳性。

6.4.2.5 监测控制

如果在动物检疫后发现了疑似病牛，要限制病牛活动，并对疑似病牛立即隔离。发现疑似牛结核病时，应立即报告畜牧兽医部门，病畜就地封锁，所用器具及污染地面用2%苛性钠消毒。如果发现阳性牛，原则上不治疗，可将其全部扑杀并按照国家相应规程进行病牛和扑杀牛的无害化处理。

6.4.2.6 净化策略

加强对可疑牛的监测和检疫，对其进行隔离观察和饲养，连续检疫3次均为阴性者可列为假定健康牛群。当假定健康牛群向健康牛群过渡时，还要在一年半内进行3次检疫，若全是阴性牛，即可确定为健康牛群。

6.4.3 “两病”综合生物安全防控

尽量坚持自繁自养的原则，不从外界引入种牛。坚持“检疫-扑杀”的控制净化策略，坚决淘汰阳性牛和病牛。牛场布局合理，提供给牛群一个适宜的生长环境，减少环境应激。日粮营养均衡、全面，满足不同生长阶段的营养需求，还要保证饲料不变质、发霉、不被病毒污染。加强人员和车辆消毒管理。经常性开展消毒工作，提高饲养管理水平，常用的消毒剂为含有效氯5%的漂白粉乳剂，20%新鲜石灰乳或15%石炭酸氢氧化钠合剂。建立健全的无害化处理和粪污处理方案，发病畜群扑杀后要无害化处理，工作人员外出要全面消毒，病畜吃剩的草料或饮水，要烧毁或深埋，畜舍及附近，用2%苛性钠、二氯异氰豚酸钠（含有效氯≥20%）、1%～2%福尔马林喷洒消毒。加强对牛结核病的宣传教育，人员防护和定期健康检查。

6.5 高产奶牛常见疾病指标控制

高产奶牛常见疾病指标控制参数见表6-2。

表6-2 高产奶牛常见疾病指标控制参数

发病指标	控制参数
真胃变位发病率（%）	<4
产褥热发病率（%）	<4
胎衣不下发病率（%）	<9
临床酮病发病率（产后21天内）（%）	<3
亚临床酮病（产后21天内）（%）	<15
产后60天内死淘率（%）	<8
成母牛年死淘率（%）	<30
乳房炎月发病率（%）	<3
子宫炎（%）	<10
肢蹄病（%）	<4

动物健康和人类健康紧密相连，应树立动物、植物、微生物“同一个健康”的生物安全防控新理念，积极尝试运用新模式、新技术、新装备和新产品进行奶牛疾病绿色生物安全防控。利用微生物制剂（噬菌体、苏云金芽孢杆菌、环状芽孢杆菌和大链壶菌等）、道地中草药（金银花、黄芩等）及植物提取物等新型环保制剂进行消杀灭虫和饲养保健；夏季可充用利用蚊蝇天敌（食蚊鱼、壁虎、蛙类等）和种植植物（香叶天竺葵、猪笼草、艾草、柠檬香草、捕蝇草、香茅草、万寿菊、薰衣草、迷迭香、薄荷等）驱除蚊蝇等害虫，通过精准用药、中西结合的检测与诊疗技术，减轻养殖场抗生素和化学消毒药剂过量使用及环境污染，保护奶牛肠道健康和养殖人员健康，减少奶牛疾病的发生，助力绿色低碳、美丽生态牧场建设和发展。

7 粪污处理与资源化利用

奶牛养殖产生的粪便和污水处理不当或集中排放，会造成养殖场及周边环境的污染，同时也造成肥料资源的浪费，粪污无害化处理和资源化高效利用是绿色低碳养殖的重要举措。

7.1 粪污处理

7.1.1 处理原则

（1）减量化。采取雨污分流、干湿分离及干清粪等措施，保障固体粪便和雨水不进入污水处理系统，减少粪污总量和处理量。

（2）无害化。处理场所和过程不渗漏、不外流。畜禽养殖场所的粪便无害化处理参照国家标准《畜禽粪便无害化处理技术规范》（GB/T 36195）的规定执行。

（3）资源化。处理后的粪便可制成粪肥还田利用，粪污经过厌氧发酵可生产沼气。

7.1.2 粪污清理收集

（1）粪便清理包括机械清理、水冲清理和人工辅助清理。机械清粪设备包括牵引刮粪板（图7-1）、铲车、吸粪车等。

（2）新建牛舍建议采用干清粪工艺。粪尿和污水通过污水管网进入沉淀池，经过固液分离（图7-2），分离出的固体（粪渣）含水率控制在65%～70%，粪便固形物通过无害化处理发酵利用，粪水和尿液混合物经过好氧或厌氧发酵后再利用。

图7-1 牵引刮粪板

图7-2 粪污固液分离

（3）尽量减少牛舍、奶厅清洁用水，建议配套高压冲洗节水设备设施。

（4）污水实行管网化收集，做到防渗、防漏，避免污染地下水和水源。

（5）粪便收集、运输过程中，应采取防遗洒、防渗漏等措施。

（6）粪污处理区应处在场内下风或侧风向距离生产畜舍50～100米。设置粪便储存设施，粪液不得渗漏、溢流，距离地表水体400米以上。奶牛每日排粪量和排尿量参见表7-1。

表7-1 奶牛每日排粪量和排尿量

牛群种类	每头牛每日排污量[千克/（头·天）]	
	排粪量	排尿量
0～6月犊牛	3.5	5
育成牛	15	7.5
青年牛	28	14
干奶牛	30	18
泌乳牛	32	23

7.1.3 处理方式

用于直接还田的粪便必须进行无害化处理。要因地制宜，根据地理环境、饲养模式等，针对粪污处理关键环节，制定适宜的粪污处理与利用工艺或模式。建议采用发酵床养殖、干清粪等减量化处理工艺。

7.1.3.1 发酵床“大通铺”模式

该模式利用微生物作为物质能量循环、转换的“中枢”，将特定有益微生物菌群，配加营养剂，按一定比例与秸秆、玉米芯、花生壳粉、木屑、原土、食盐等混合发酵制成有机复合垫料，垫入发酵床，即可满足舍内奶牛对温度、微生态、通风透气等生理需求。微生物以尚未消化的家畜粪便为食饵，繁殖滋生，并除去粪便臭味，使畜舍演变为粪污处理厂，形成了一个生态链。

“大通铺”通过提高奶牛舒适度，显著增加了躺卧时间，提高奶牛产奶量，降低肢蹄发病率。奶牛在“大通铺”上活动、排泄，其粪便与垫料混合后，有益微生物在适宜的温湿度下产生热量，将奶牛粪便的水分蒸发，将粪便固体部分发酵降解，减少了粪污产生量，减轻了清理粪污的工作量，垫料作为有机肥料还田利用，减小环保压力。

开放式牛舍发酵床（图7-3a）的湿度通常低于封闭式牛舍发酵床（图7-3b），更有利于水分的快速蒸发，但冬季保暖不如封闭式牛舍。

a. 开放式牛舍发酵床

b. 封闭式牛舍发酵床

图7-3　发酵床养殖奶牛

（1）技术要点。

运动场地面。下挖40 ~ 60厘米，采用三合土夯实，周边用砖混结构砌墙高度60 ~ 80厘米；靠近采食通道处砌墙，高于通道地面20厘米左右；建设奶牛饮水台，设置防溢流、防漏设施，防止饮用水溢出进入发酵床。

垫料。选择透气性好、吸水性强、耐腐蚀、适合菌种生长的原料，最适宜原料为稻壳，其次为锯末，也可因地制宜选用花生壳、粉碎玉米芯、麦秸、干玉米秸秆等。

菌种。需选用粪污分解性能强发酵床专用菌种。常用菌种有：枯草芽孢杆菌、地衣芽孢杆菌、酵母菌、嗜酸乳杆菌、木霉菌、米霉菌、黑曲霉、链霉菌、球形红假单胞菌、粪肠球菌等。

稀释菌剂。按专用菌剂说明书使用。或将干撒式菌种按照比例与米糠或玉米粉、麸皮等混合均匀后使用。

铺设垫料和播撒菌种。全部采用稻壳，或锯末与稻壳按4：6比例。如果锯末与稻壳不足，可以调整比例或添加其他辅料；垫料均匀分层铺设，中间均匀铺撒专用菌剂。

（2）发酵床的使用和维护。

牛只密度。牛只密度控制参考表7-2。

表7-2　发酵床牛只密度控制

牛群分类	牛只密度（平方米/头）
高产奶牛	20 ~ 25
干奶牛	15 ~ 20
后备牛	15 ~ 20
犊牛	8 ~ 10

垫料翻抛。2 ~ 3天旋耕翻抛1次，翻抛深度25 ~ 30厘米。40 ~ 60天深翻1次，深度50厘米。应根据实际情况和季节变化适当调整。发酵床垫料一次投入可多年利用。

补充菌种。根据发酵床处理粪便的效果，一般3个月补充一次菌种，如果发酵床出现氨气味、臭味、死床等情况，适时补充。

水分调节。垫料含水量应维持在30% ~ 40%，垫料含水率不超过45%。

疏粪管理。奶牛有集中定点排泄的习性，需要将粪尿分散在垫料上并与垫料混合均匀；通常1 ~ 2天进行一次疏粪管理，夏天每天都要进行疏粪管理，把粪便均匀翻抛到垫料20厘米以下。

垫料补充与更新。通常垫料减少10%，就需要及时进行补充，补充的新垫料要与已有垫料混合均匀，并调节好含水量。如果日常养护到位，高温段持续向发酵床表面移动，或板结、发臭，应及时更新垫料。

7.1.3.2　氧化塘发酵

氧化塘建造池壁应高于地平面，周围设引流渠，防止雨水径流进入处理池。氧化塘分人工氧化塘和自然氧化塘两种。人工氧化塘（图7–4a）建有曝气池，池底装配管道和微孔曝气头，通过正压风机把新鲜空气鼓入池水中，增加水中含氧量，改善好氧细菌的生存环境，提高其生长繁殖速度，从而加快污水处理进程，曝气池的深度为4～6米，容积为每天污水量的4～5倍。人工氧化塘并不能完全使污水达到排放标准，后续还需配套一定面积的自然氧化塘进行处理。自然氧化塘（图7–4b）通常不设置曝气单元，水深一般为0.5～1.0米，总容积应达到每天污水量的100～200倍，一套自然氧化塘污水处理体系，应是由数个塘组合而成，污水依靠自流依次进入后续塘，首塘和次塘的主要功能是沉淀，后面的塘以净化水体为主要功能，至末塘时，符合排放标准或经稀释处理后达到灌溉农田要求。

a. 人工氧化塘

b. 自然氧化塘

图7–4　氧化塘

7.1.3.3　堆肥发酵

可采用条垛式、机械化槽式和密闭仓式堆肥技术进行无害化处理。在粪便中加入秸秆粉、草粉、米糠、玉米芯粉和花生壳粉等辅料以及一定量的生物发酵菌剂。发酵混合物的含水量以50%～65%、C/N保持在（20～30）：1、pH值呈中性或弱碱性（6.5～8.5）为宜。混合均匀的发酵物进行堆积，进入好氧发酵过程。堆肥发酵主要采用条垛堆积和槽式堆积。

采用条垛堆积的（图7–5a），将混合物料在地面上堆成长条形条垛，高度一般为1.2～1.5米，宽度1.5～3.2米（根据翻抛机大小而定），长度根据情况自由调节，每星期翻1次垛。发酵温度45℃以上的时间不少于14天。55℃以上，每天翻堆1次。发酵温度55℃以上维持5～7天，才能做无害化。

采用槽式堆积的（图7-5b），混合物料置于发酵长槽中，深度一般为1.5～1.8米，宽度4～5米，翻堆采用搅拌机操作。发酵温度50℃以上的时间不

a. 条垛堆积

b. 槽式堆积

图7-5 堆肥发酵

少于7天，堆体温度升至55℃以上，每天翻堆1次。温度升至70℃以上，立即翻堆。当堆心温度保持在40℃以下，不再发生升温，物料呈褐色或黑褐色、略有氨臭味、质地疏松，发酵即告完成。堆肥处理后必须达到粪便堆肥无害化卫生学的要求（表7-3）。

表7-3 粪便堆肥无害化卫生学要求

项目	指标
蛔虫卵死亡率（%）	≥95
粪大肠菌群数（个/千克）	$\leq 10^5$
苍蝇	堆体周围无活的蛆、蛹或新孵化的成蝇

7.1.3.4 有机肥加工

养殖产生的粪便与污水经固液分离；分离出固体部分通过翻抛发酵、粉碎、搅拌、造粒、烘干、冷却、包膜、筛分、包装等工艺流程加工成各种有机肥。根据发酵后粪肥的种类和养分含量，再对照目标产品的养分含量要求，可以制成“有机肥”，也可以添加生物菌剂制成“生物有机肥”，又可以添加适

量比例的无机肥料（氮、磷、钾）制成“有机-无机复合肥”。生物有机肥料为褐色或灰褐色，粉状或颗粒状产品，无机械杂质。粉剂产品应松散、无恶臭味；颗粒产品应大小均匀、无腐败味。有机肥加工见图7-6。

图7-6　有机肥加工

7.1.3.5　沼气厌氧发酵

（1）预处理。由集水池和调节池组成。将粪污按照一定比例进行混合，形成发酵原料。集水池为圆形或方形，直径（边长）3米，深3米，容积基本为养殖场一天的污水量，上方装配搅拌机和潜污泵，避免固态物质沉淀。场内排出的污水在集水池中短暂停留后，进入调节池。调节池用于调节污水量和固形物比例，使其能达到最佳的发酵效果。调节池的容积为日污水量的2/3，池深2.5～3米，安装进料泵。

（2）沼气发酵。大型养殖场可采用沼气发酵罐（图7-7），小规模养殖场户可采用沼气池发酵（图7-8）。沼气发酵由沼气发酵罐（池）和安全保护装置组成。发酵罐又称为厌氧反应器，是整个沼气工程的核心部分，有全混式厌氧反应器（CSTR）、上流式厌氧污泥床（UASB）、上流式厌氧固体反应器（USR）、厌氧折流反应器（ABR）等类型，不同的反应器对原料的固形物比例、搅拌装置、污水滞留期要求不同。发酵罐的容积取决于养殖规模和当地平均气温。安全保护装置用于缓冲发酵过程的压力。

（3）储存和利用。产生的沼气暂时储存在储气柜中。沼气的净化主要是脱水（气水分离器）和脱硫（脱硫器）。

（4）后处理。经过厌氧发酵后的沼液和沼渣，不能直接利用或排放，需要再次处理。沼液中含有较多养分，可用于种植业灌溉，但在利用前，要在储存池中至少存放10天，降低其还原性，灌溉也存在季节性和节律性，因此要在田间建造沼液储存池。沼渣从厌氧处理池清理出来，送到有机肥车间，接种微生物发酵菌种，补充各种营养元素，搅拌均匀后输送提升到塔式发酵仓内，在仓内翻动、通氧，快速发酵除臭、脱水，通风干燥，可制作形成商品有机肥；也可加入炭化物质制成人工泥炭提供给其他厂家生产基肥。

（5）利用。处理后的沼液作为肥料进行农业利用时，应达到沼液卫生学的要求（表7-4）。沼渣达到粪便堆肥无害化要求方可用作农肥（表7-3）。

表7-4　沼液卫生学要求

项目	指标
蛔虫卵死亡率（%）	≥95
钩虫卵	不得检出活的钩虫卵
粪大肠菌群数（个/升）	常温沼气发酵≤10^5；高温沼气发酵≤10^2
苍蝇、蚊子	沼液中无蚊蝇幼虫，池体周围无活的蛆、蛹或新孵化的成蝇

（6）注意事项。加强氧化塘、沼气池（罐）安全防护设施建设与维护，沼气生产、维护过程中要严禁烟火；在显著位置应设立相应的安全警示标志（图7-7、图7-8）。

图7-7　沼气罐发酵

图7-8　覆膜软体沼气池（外罩保温棚）

7.1.3.6　排放要求

规模奶牛场污水产生量大，且含有较高浓度的COD、氮、磷等，尤其是污水不同于城镇污水处理，处理难度较大，达标排放工艺投资较大，非必须情况下不建议采用。污水处理见图7-9。

图7-9　污水处理

水污染物排放去向应符合国家和地方的有关规定。水污染物最高允许排放量、最高允许日均排放浓度分别按表7-5和表7-6规定执行。恶臭污染物排放标准按表7-7执行。

表7–5　水污染物最高允许排放量

项目	夏季指标	冬季指标
水冲工艺最高允许排水量[立方米/（百头·天）]	30	20
干清粪工艺最高允许排水量[立方米/（百头·天）]	20	17

表7–6　水污染物最高允许日均排放浓度

项目	指标
水污染物中氨氮浓度（毫克/升）	80
水污染物中总磷浓度（毫克/升）	8.0
水污染物中粪大肠菌群数（个/100毫升）	1 000
水污染物中蛔虫卵（个/升）	2.0

表7–7　恶臭污染物排放标准

项目	指标
臭气浓度（无量纲）≤	70

注：臭气浓度：恶臭气体（异味）用无臭空气进行稀释，稀释到刚好无臭时的稀释倍数。

7.2　资源循环利用

7.2.1　养殖蚯蚓

可以平地或建池饲养，还可以立体饲养。准备蚯蚓组合饲料，由牛粪、农作物秸秆、杂草、花生壳、果渣等组成。蚯蚓生长温度为10～30℃，适宜生长温度为18～25℃，培养基料适宜含水量为30%～50%、酸碱度（pH）值为6.5～7.5、碳氮比为（35～42）：1，平铺新鲜牛粪15～20厘米，然后在其上铺种苗，每平方米投放3 000～5 000条为宜，品种以大平2号、北星2号为优。养殖密度每平方米控制在10 000～30 000条幼蚓为宜。冬季稍加遮盖，夏季防止暴晒和雨淋，相对湿度60%～70%。每20天观察并加料1次，一般40天为1个饲养周期，一年可养殖9批。牛粪养殖蚯蚓见图7–10。

图7–10　牛粪养殖蚯蚓

7.2.2　肥料化利用

发酵床垫料、生物有机肥、氧化塘处理后的肥水以及处理后的沼液和沼渣，可以应用于农作物、牧草、饲粮作物以及果树、蔬菜等农业生产。农田施肥量通常按每亩土地负荷畜禽粪便2～3吨估算。也可按每季作物每亩的年施氮量宜控制在10～12千克，土壤的粪肥年施磷量不能超过2.3千克。有机肥（粪肥）还田见图7–11。

图7–11　有机肥（粪肥）还田

根据不同土壤特点，不同作物及其不同的产量，施用量也不同。针对沙壤土和丘陵土壤等有机质含量低的田块，适当增加施用量。经济作物如蔬菜和果树等，适当增加施用量。大田作物配合秸秆还田，可适当减少施用。

施用方法：蔬菜和大田作物以底肥形式一次性施足，也可以种肥的形式伴种施用（必须是腐熟好有机肥，否则易烧根烧苗）；果树以树干为中心，根据树冠大小，距离树干半径50厘米以上开沟环施后覆土，以秋末施用为佳。不同作物有机肥（生物有机肥）施用量与施用方法见表7–8。

表7–8 不同作物有机肥（生物有机肥）施用量与施用方法

种类		施用时期	施用量		施用方法
果树	常绿	收获后	小树	3～5千克/棵	环施开沟10～20厘米
			大树	5～10千克/棵	环施开沟10～20厘米
	落叶	收获后	小树	3～5千克/棵	环施开沟10～20厘米
			大树	5～10千克/棵	环施开沟10～20厘米
蔬菜	叶菜类	栽种前	100～120千克/亩		整地基施
	豆荚类	栽种前	80～100千克/亩		整地基施或垄施
	瓜果类	栽种前	200～300千克/亩		整地基施或垄施
	根块茎类	栽种前	200～300千克/亩		整地基施或垄施
小麦、玉米或水稻		播种前	80～100千克/亩		整地或种肥
花生、大豆或油菜		播种前	80～100千克/亩		整地或种肥

7.2.3 能源化利用

产生的沼气可广泛用于炊事燃料、锅炉、热水器、沼气灯等，大型沼气工程的产量高、持续稳定，还可以用来发电，每立方米沼气可产热21～27千焦，可发电1.5千瓦时。此外，经无害化处理的粪渣或粪肥还可用于牛床垫料、食用菌基质等多种用途。奶厅收集的废水和粪水可用于回冲牛舍的清粪通道，或经中水处理后再利用等；沼液肥水经稀释配比可用于农田灌溉。发展种养结合农牧循环经济，通过肥料化、能源化就地就近循环利用，可以节本增效，减少环境污染，实现农业废弃资源的高效利用和环境生态友好。

7.3 温室气体排放与控制

近年来，奶业对全球气候变化和空气质量的影响逐渐受到关注。降低单位畜牧产品温室气体排放，不仅符合全球绿色发展方向，也是提高产业生产效率和产品竞争力的具体举措。畜牧产品温室气体排放是指在特定时段内畜牧产品生产释放到大气中的温室气体总量（以质量单位计算），包括二氧化碳（CO_2）、甲烷（CH_4）和氧化亚氮（N_2O）三种温室气体，总量以二氧化碳当量计。

7.3.1 CO_2

现代奶业生产中排放的CO_2（包括牧场使用的化石燃料、运输和发电产生的CO_2）已经被认为是全生命周期评估和整个农（牧）场排放模型中温室气体的纯贡献者。实际上，奶牛呼吸排出的CO_2不是气候变化的纯贡献者，因为奶牛采食的饲料作物在光合作用期间消耗了CO_2。奶牛场生产资料及产品温室气体排放量见表7-9。

表7-9　奶牛场生产资料及产品温室气体排放量

部分生产资料/产品（产物）	排放量	单位	备注
玉米	0.54	吨二氧化碳当量/吨	
玉米秸秆	0.07	吨二氧化碳当量/吨	
黄豆	0.61	吨二氧化碳当量/吨	
苜蓿	0.22	吨二氧化碳当量/吨	
牛奶	1.07	吨二氧化碳当量/吨	平均
奶牛肉	17.00	千克二氧化碳当量/百克蛋白质	
污水	144.35	千克二氧化碳当量/（头·年）	奶牛养殖
粪便	1 316	千克二氧化碳当量/（头·年）	奶牛养殖
沼气	9.35	千克二氧化碳当量/吨	秸秆，上游排放
沼气	720.3	千克二氧化碳当量/吨	秸秆，下游排放
地下水	0.68	千克二氧化碳当量/立方米	农业用水
车用汽油	0.81（3.04）	吨二氧化碳当量/吨	生产（使用）
柴油	0.67（3.15）	吨二氧化碳当量/吨	生产（使用）
电	0.581	吨二氧化碳当量/兆瓦时	电网排放因子

7.3.2 CH_4

奶牛排放的CH_4来自肠道发酵或储存的粪尿。肠道CH_4排放主要是由于瘤胃产甲烷菌利用CO_2和H_2产生的CH_4。奶牛排放的CH_4代表了日粮能量损失。每头奶牛每年平均排放CH_4 91.7千克。许多因素影响CH_4排放量，包括DMI、

日粮碳水化合物数量和类型、粗饲料的加工和品质、日粮脂肪及可以改变瘤胃微生物数量的饲料添加剂。

日粮、牛舍和粪便管理极大地影响了粪便贮存过程中的CH_4排放。因为CH_4的产生是一个厌氧过程，长期厌氧条件下储存粪便是CH_4排放的一个更重要来源，而干燥的粪便在储存时不产生CH_4。

7.3.3 N_2O

据联合国政府间气候变化专门委员会（IPCC）第五次评估报告，CH_4和N_2O全球变暖潜势值分别为34和265（N_2O温室效应是CO_2的265倍），N_2O温室效应远远高于CH_4。因此减少N_2O的排放量对来自奶牛排放的整个温室气体有很大的影响。N_2O是一种挥发性很强的温室气体，它是硝酸盐脱氮为氮气的过程中通过微生物形成的。奶牛养殖场中N_2O的主要来源是长期粪便储存和农田施氮肥或有机肥排放，还有少量的N_2O在瘤胃硝酸盐减少过程中产生。

7.3.4 氮磷排放

随着奶牛养殖业集约化程度的提高，氮磷排放量也在不断上升，对环境造成的污染问题日益突出。氮磷排放过量可能是由于奶牛蛋白质和磷的供应量超过实际需要量，或日粮营养素不平衡等原因所致。奶牛向环境中排泄的氮主要以尿氮和粪氮的形式排出，排出体外的粪氮和尿氮通过不同的方式对环境产生影响，每头奶牛每年平均排放氮78千克。磷作为一种非再生资源，磷的过度排放同样会造成资源浪费和环境污染。碳减排与氮减排、磷减排须同步和循环利用，不能为碳减排而造成氮磷的浪费，碳、氮、磷利用需保持动态平衡。

人类生产生活所产生的碳、氮、磷等资源最终都要被自然界植物和微生物所利用，进入动物、植物、微生物“三物循环”。奶业从业者要秉持动物健康与人类健康“同一个健康”的理念，以发展“生态、安全、优质、高效”为特征的绿色低碳现代奶业为目标，从“大农业”“大食物”“三物循环”生态平衡的系统思维角度考虑碳减排和碳循环，围绕“节能、降耗、提质、增效”，通过产前源头减量、产中过程控制、产后末端利用技术和综合举措，减少碳氮排放和资源浪费，实现资源高效利用、自然生态良性循环，为种养结合、农牧循环、绿色低碳、生态可持续的中国式现代奶业高质量发展贡献智慧和力量。

参考文献

曹志军，杨军香，2014. 青贮制作实用技术[M]. 北京：中国农业科学技术出版社.

丁伯良，冯建忠，张国伟，2011. 奶牛乳房炎[M]. 北京：中国农业出版社.

渡边昭之，赵世臻，1995. 关于牛的味觉[J]. 草食家畜（1）：42.

戈新，王建华，李培培，等，2010. 胶东半岛地区奶牛饲料原料成分及营养价值数据库[J]. 中国奶牛（8）：51-56.

国家标准化管理委员会，国家市场监督管理总局，2019. 后备奶牛饲养技术规范：GB/T 37116—2018 [S]. 北京：中国标准出版社.

国家标准化管理委员会，国家质量监督检验检疫总局，2011. 牛冷冻精液：GB 4143—2008 [S]. 北京：中国标准出版社.

国家标准化管理委员会，国家质量监督检验检疫总局，2018. 中国荷斯坦牛体型鉴定技术规程：GB/T 35568—2017 [S]. 北京：中国标准出版社.

国家畜禽遗传资源委员会，2011. 中国畜禽遗传资源志-牛志[M]. 北京：中国农业出版社.

国家市场监督管理总局，国家标准化管理委员会，2018. 畜禽粪便无害化处理技术规范：GB/T 36195—2018 [S]. 北京：中国标准出版社.

韩吉雨，2021. 牧场管理实战手册[M]. 呼和浩特：远方出版社.

韩志国，江燕，高腾云，等，2011. 行为学角度思考奶牛福利[J]. 家畜生态学报，32（6）：6-10.

黑龙江省质量技术监督局，2015. 奶牛围产期保健技术规范：DB23/T 1605—2015 [S].

黄学家，2020. 正确识别奶牛的行为信号[J]. 中国乳业（5），42-45.

姜冰，2021. 基于国际“5F”原则的规模化养殖场奶牛福利评价指标赋权研究[J]. 家畜生态学报，42（5）：55-61.

姜一铭，韩建春，2015. 嗜冷菌对UHT乳品质负面影响研究[J]. 中国乳品工业，43（8）：19-22.

李超，王明琼，赵永攀，等，2022. 围产期奶牛低钙血症血液生化指标分析[J]. 动物医学进展，43（3）：84-88.

刘蓓蓓，魏荣妍，赵书文，等，2022. 音乐对奶牛免疫反应及抗氧化能力的影响[J]. 中国奶牛（8）：35-38.

刘国民，2007. 奶牛散栏饲养工艺及设计[M]. 北京：中国农业出版社.

卢德勋，2004. 系统动物营养学导论[M]. 北京：中国农业出版社.

卢德勋，2016. 新版系统动物营养学导论[M]. 北京：中国农业出版社.

农业部，2013. 奶牛热应激评价技术规范：NY/T 2363—2013 [S]. 北京：中国农业出版社.

农业部，2013. 奶牛热应激评价技术规范：NY/T 2363—2013 [S]. 北京：中国农业出版社.

农业部，2016. 奶牛全混合日粮生产技术规程：NY/T 3049—2016 [S]. 北京：中国农业出版社.

农业部，2017. 奶牛全混合日粮生产技术规程：NY/T 3049—2016[S]. 北京：中国农业出版社.

农业部畜牧兽医局，中国饲料工业协会，等，2002. 饲料工业标准汇编[M]. 北京：中国标准出版社.

农业农村部，2019. 生乳中黄曲霉毒素M1控制技术规范：NY/T 3314—2018 [S]. 北京：中国农业出版社.

农业农村部，2020. 奶牛性控冻精人工授精技术规范：NY/T 3646—2020 [S]. 北京：中国农业出版社.

农业农村部，2021. 高产奶牛饲养管理规范：NY/T 14—2021 [S]. 北京：中国农业出版社.

青岛市农业农村局，青岛市市场监督管理局，2021. 荷斯坦犊牛早期断奶技术规范：DBNY3702/T 0028—2021 [S].

青岛市农业农村局，青岛市市场监督管理局，2022. 牛羊布鲁氏菌病净化技术规范：DBNY 3702/T 0020—2022 [S].

任江红，秦立虎，2015. 关于原料奶体细胞数对提高巴氏杀菌奶品质的影响[J]. 食品安全导刊（19）：74-76.

石红丽，杨永龙，任宪峰，等，2010. 生乳中体细胞数对酸奶成品品质的影响[J]. 中国奶牛（12）：54-56.

苏华维，李胜利，金鑫，等，2009. 奶牛福利与奶牛业健康发展[J]. 中国乳业（5）：52-56.

王春璬，2008. 奶牛场兽医师手册[M]. 北京：金盾出版社.
王洪艳，王建华，2006. 新版NRC对奶牛营养需要量的重新评定[J]. 中国乳业（5）：24-27.
王建华，戈新，赵金山，等，2005. 我国奶牛磷需要量[J]. 中国饲料，290（6）：25-27.
王建华，戈新，赵金山，等，2006. 奶牛营养平衡与需要量[J]. 中国饲料，317（9）：25-29.
卫生部，2010. 食品安全国家标准 生乳：GB 19301—2010 [S]. 北京：中国标准出版社.
肖定汉，2002. 奶牛病学[M]. 北京：中国农业大学出版社.
徐民，2012. 奶牛营养工程技术[M]. 北京：中国农业出版社.
杨效民，贺东昌，2011. 奶牛健康养殖大全[M]. 北京：中国农业出版社.
赵胜，1994. 奶牛的行为与管理[J]. 山东畜牧兽医（4）：21-22.
Anonymous，2012. Cattle housing design-danish recommendations[M]. 5th edition. Danish Agricultural Advisory Service. Knowledge Centre for Agriculture.
Hubert R，John W F，Patrick F F，2003. Encyclopedia of dairy sciences[M]. USA：Academic press.
Jan Hulsen，2011. 奶牛信号-牧场管理实用指南[M]. 李胜利等译，武汉：湖北科学技术出版社.
National Research Council，2001. Nutrient requirements of dairy cows[M]. 7th ed. Washington，DC：National Academic Science.
SEGES，2019. 奶牛幸福之源——基于奶牛自然习性的牧场设计推荐[M]. 内蒙古蒙牛乳业（集团）股份有限公司译. 北京：中国农业出版社.

缩写词表

（一）名词缩写词表

英文缩写	中文全称	英文缩写	中文全称
3D	三维（立体）	IU	国际单位
5F	五项自由	IDF	国际乳品联合会
5G	第五代移动通信技术	IoT	物联网
ACTH	促肾上腺皮质激素	IPCC	联合国政府间气候变化专门委员会
AI	人工智能	K^+	钾离子
As	砷	LED	发光二极管
ATP	三磷酸腺苷	lx	勒克斯
BCS	体况评分	$Mg(OH)_2$	氢氧化镁
BHB	β-羟丁酸	MgO	氧化镁
bpm	每分钟节拍数	MPI	产奶指数
BUN	血浆尿素氮	MRT	全乳环状试验
$CaCl_2$	氯化钙	MUN	乳尿素氮
CBM	碳酸盐缓冲合剂	Na^+	钠离子
CFU	菌落形成单位	$NaHCO_3$	碳酸氢钠（小苏打）
CIP	原位清洗（在线清洗）	$NaNO_2$	亚硝酸钠
Cl^-	氯离子	NaOH	氢氧化钠（火碱）
CMT	加州乳房炎检测法	NEFA	血浆非酯化脂肪酸
CNCPS	康奈尔净碳水化合物蛋白质体系	NH_3	氨
CO_2	二氧化碳	NRC	国家科学研究委员会（美国）
CPI	中国奶牛性能指数	Pb	铅

（续表）

英文缩写	中文全称	英文缩写	中文全称
Cr	铬	PG	前列腺素
dB	分贝	pH	酸碱度
DM	干物质	PPD	结核菌素纯蛋白衍生物
DNA	脱氧核糖核酸	RBT	虎红平板凝集试验
ELISA	酶联免疫吸附剂测定	RF	呼吸频率
ET	胚胎移植	RFID	无线射频识别
GB/T	国家标准（推荐）	RT	直肠温度
GCPI	中国奶牛基因组选择性能指数	SCC	体细胞数
GnRH	促性腺激素释放激素	THI	环境温湿度指数
Hg	汞	TMR	全混合日粮
H_2S	硫化氢	UHT	超高温瞬时灭菌
Hz	赫兹	UN	尿素氮
ICHO	国际后备牛培育协作创新平台	VB_{12}	维生素B_{12}（钴胺素）
ID	个体身份	VC	维生素C

（二）计量单位中文名称对应表

英文缩写	中文全称	英文缩写	中文全称
%	百分比	mg	毫克
°	度	mg/dL	毫克/分升
°T	酸度（吉尔涅尔度）	mg/kg	毫克/千克
μg/dL	微克/分升	mg/L	毫克/升
μg/L	微克/升	mg/mL	毫克/毫升
℃	摄氏度	mho/m	电导率单位

（续表）

英文缩写	中文全称	英文缩写	中文全称
cm	厘米	min	分钟
d	天	mL	毫升
dL	分升	mm	毫米
g	克	mm^2	平方毫米
g/L	克/升	mm^3	立方毫米
h	小时	mmol	毫摩尔
IU/L	国际单位/升	mol	摩尔
kg	千克	N/m	牛/米
L	升	ng/L	纳克/升
m	米	ppm	百万分数
m^2	平方米	s	秒
meq/L	摩尔离子/升	V	伏特

（三）单位换算

1摄氏度=33.8华氏度

1升=10分升=1 000毫升=1 000 000微升

1千克=1 000克=1 000 000毫克=1 000 000 000微克=1 000 000 000 000纳克

1米=10分=100厘米=1 000毫米=1 000 000微米=1 000 000 000纳米

1 ppm=1毫克/千克=1毫克/升=1×10^{-6}（ppm常用来表示气体浓度、溶液浓度、微量元素含量）

1英寸=2.54厘米

1英尺=12英寸=0.304 8米

1公顷=10 000平方米=15亩

1平方米=100平方分米=10 000平方厘米

附录1　奶牛个体档案与记录

1　奶牛个体档案

1.1　系谱档案

记载着奶牛的基础信息，在奶牛出生时建立，并伴随奶牛终生，逐步完善，是奶牛场管理最基本也是最重要的资料。

1.1.1　基本信息

奶牛基本信息记录可以参照附表1-1。

附表1-1　奶牛基本信息

<table>
<tr><th rowspan="2">个体编号</th><th rowspan="2">出生日期</th><th rowspan="2">出生重，千克</th><th rowspan="2">来源</th><th rowspan="2">毛色</th><th rowspan="2">品种纯度</th><th rowspan="2">是否ET</th><th rowspan="2">终生产奶量，千克</th><th rowspan="2">平均乳脂率，%</th><th colspan="2">离场</th><th colspan="3">牛场</th></tr>
<tr><th>日期</th><th>原因</th><th>名称</th><th>编号</th><th>负责人</th></tr>
<tr><td></td><td></td><td></td><td></td><td></td><td></td><td></td><td></td><td></td><td></td><td></td><td></td><td></td><td></td></tr>
<tr><td colspan="14">来源：（1）自繁，（2）购买，（3）其他。
毛色：（1）黑白花，（2）全黑，（3）全白，（4）红白花。
品种纯度：（1）中国荷斯坦牛100%、93.75%、87.5%，（2）（国家名称）荷斯坦牛。</td></tr>
</table>

1.1.2　个体表征

荷斯坦奶牛头部和身体两侧的花纹可以作为识别奶牛的表征，每头奶牛都拥有独特的片花图案，并且终生不会发生变化，就像人的指纹一样，作为奶牛个体特有的身份识别信息。个体表征图应当在奶牛一出生时就建立，以画片花或照片的形式展现。奶牛个体表征图表可以参照附表1-2，将手绘图案或拍摄图片填入。

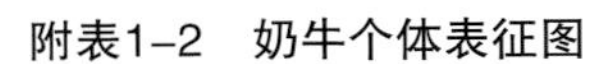

附表1-2 奶牛个体表征图

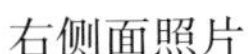

右侧面照片

头部正面照片

左侧面照片

1.1.3 血统

奶牛的血统信息应当在奶牛出生时建立，详细记录奶牛父母、祖父母以及曾祖父母的信息。奶牛血统记录可以参照附表1-3。

附表1-3 奶牛血统记录

父亲编号	出生日期	国家	发布日期	父父编号		父父父号	
						父父母号	
		指数名称	综合育种值	父母编号		父母父号	
						父母母号	
母亲编号	出生日期	头胎305天产奶量（千克）	最高305天产奶量（千克）	母父编号		母父父号	
						母父母号	
				母母编号		母母父号	
						母母母号	

1.2 生长发育记录

生长发育记录应当记录奶牛出生、3月龄、6月龄、12月龄、15月龄、18月龄、1胎、3胎时体尺体重的测定结果。其中体尺指标包括体高、体斜长和胸围三项指标。生长发育记录可以参照附表1-4。

附表1-4 奶牛生长发育记录

项目	年龄							
	出生	3月龄	6月龄	12月龄	15月龄	18月龄	1胎	3胎
体重（千克）								

（续表）

项目	年龄							
	出生	3月龄	6月龄	12月龄	15月龄	18月龄	1胎	3胎
体高（厘米）								
体斜长（厘米）								
胸围（厘米）								

1.3　产奶性能记录

奶牛的产奶记录是奶牛最重要的生产性能指标。奶牛的产奶性能记录应当记载奶牛的个体编号、胎次、分娩日期、测定日期、产奶量、干奶日期、泌乳天数、干奶天数以及乳成分和体细胞数的测定结果。奶牛产奶性能记录可以参照附表1-5。

附表1-5　奶牛产奶性能记录

胎次	每个泌乳月产奶量（千克）											
	1	2	3	4	5	6	7	8	9	10	11	12
备注												

胎次	干奶日期	泌乳天数	干奶天数	全期产奶量（千克）	305天					
					截止日期	产奶量（千克）	平均乳脂率（%）	平均乳蛋白率（%）	平均乳糖率（%）	平均体细胞数（10^4个/毫升）
备注										

1.4 体型线性评定记录

奶牛体型线性评定的方法和记录按照《中国荷斯坦牛体型线性鉴定技术规程》的方法来进行。

2 日常管理记录

2.1 体况评分（BCS）记录

在牛场管理中，应在6月龄、初配前和分娩前60天以及每胎次的分娩时、分娩后21 ~ 40天、分娩后90 ~ 120天、干奶前60 ~ 100天和干奶时进行体况评分。

2.2 繁殖记录

繁殖是奶牛生产中的重要环节，必须做好繁殖记录，制定合适的配种计划，不断提高奶牛的繁殖力，提高牛场经济效益。奶牛的繁殖记录应当包括配种记录和分娩记录，具体记录可以参照附表1-6。

附表1-6 奶牛配种记录

个体编号	胎次	第1次配种		第2次配种		第3次配种		妊检日期	妊检结果	配妊次数	预产期	备注
		日期	公牛编号	日期	公牛编号	日期	公牛编号					

分娩记录在奶牛妊娠中止时建立。具体记录可以参照附表1-7。

附表1-7 奶牛分娩记录

个体编号	胎次	公牛编号	预产期	分娩日期	分娩			胎儿				犊牛			流产		备注
					顺产	助产	难产	正常	死胎	双胎	畸形	性别	编号	出生重	日期	原因	

2.3 兽医记录

2.3.1 防疫记录

奶牛兽医防疫记录应当包括奶牛每个年度免疫、疾病监测、诊疗记录等内容。奶牛场免疫记录可以参照附表1-8。

附表1-8 奶牛场免疫记录

个体编号	日期	年龄或胎次	疫苗名称	疫苗生产厂	批号（有效期）	免疫方法	免疫剂量	免疫人员	备注

2.3.2 诊疗记录

奶牛场诊疗记录可以参照附表1-9。

附表1-9 奶牛场诊疗记录

个体编号	日期	年龄或胎次	发病病因	用药名称	用药方法	诊疗结果	诊疗人员	备注

附录2　奶牛常用饲料原料成分及营养价值数据库

附表2-1　奶牛常用粗饲料原料成分及营养价值数据库（均以干物质为基础）

序号	样品名称	样品描述	干物质 DM（%）	粗蛋白质 CP（%）	粗脂肪 EE（%）	中性洗涤纤维 NDF（%）	酸性洗涤纤维 ADF（%）	非纤维性碳水化合物 NFC（%）	淀粉 ST（%）	粗灰分 Ash（%）	钙 Ca（%）	磷 P（%）	钾 K（%）
1	玉米青贮	优质，329个样品平均值	34.70	7.16	3.87	37.37	22.49	47.46	36.09	4.14	0.18	0.21	1.25
2	玉米青贮	中等品质，1 301个样品平均值	32.12	7.38	3.93	41.49	25.47	42.77	30.26	4.43	0.20	0.20	1.21
3	玉米青贮	低质，山东地区，8个样品平均值	25.50	8.15	2.23	57.95	32.03	25.53	24.80	6.15	0.26	0.23	1.21
4	玉米黄贮	山东地区，15个样品平均值	26.47	7.20	1.17	64.76	43.19	17.76	14.21	9.11	0.48	0.17	1.42
5	玉米秸秆	山东地区，10个样品平均值	91.33	6.16	0.73	71.79	47.31	12.93	3.89	8.40	0.40	0.13	1.50
6	花生蔓	山东地区，25个样品平均值	90.12	7.44	1.23	61.90	52.49	18.16	0	11.27	1.08	0.14	1.18
7	花生蔓	潍坊高密，风干，全株	88.30	10.90	0.80	51.70	48.10	19.40	0	17.20	1.40	0.11	1.02

（续表）

序号	样品名称	样品描述	干物质 DM（%）	粗蛋白质 CP（%）	粗脂肪 EE（%）	中性洗涤纤维 NDF（%）	酸性洗涤纤维 ADF（%）	非纤维性碳水化合物 NFC（%）	淀粉 ST（%）	粗灰分 Ash（%）	钙 Ca（%）	磷 P（%）	钾 K（%）
8	地瓜蔓	山东地区，5个样品平均值	89.80	8.93	1.83	57.47	51.20	21.37	0	10.40	1.35	0.16	1.49
9	苜蓿干草	进口优质，136个样品平均值	94.30	21.51	2.89	39.44	29.50	26.16	1.50	10.00	1.61	0.33	2.38
10	苜蓿干草	国产优质，156个样品平均值	93.20	19.00	2.73	42.44	31.73	25.09	1.50	10.74	1.63	0.31	2.30
11	苜蓿干草	国产低质，160个样品平均值	94.30	16.11	2.61	46.42	35.65	23.46	1.50	11.40	1.46	0.29	2.28
12	苜蓿草块	草粉颗粒，3个样品平均值	90.63	13.67	1.23	58.57	48.80	14.60	1.50	11.93	1.59	0.15	1.51
13	苜蓿青贮	全国，优质，25个样品平均值	42.93	22.70	4.12	39.30	30.86	23.74	1.50	10.14	1.45	0.33	2.60
14	苜蓿青贮	全国，中等品质，300个样品平均值	39.17	19.80	3.28	46.40	36.50	17.52	1.50	13.00	1.50	0.34	2.52
15	羊草	东北、内蒙古，200个样品平均值	92.58	6.97	1.52	74.46	45.21	9.11	0.30	7.94	0.36	0.11	0.74
16	麦秸	山东地区，5个样品平均值	90.82	4.28	1.22	76.86	53.26	7.72	3.00	9.92	0.38	0.05	2.72

（续表）

序号	样品名称	样品描述	干物质 DM（%）	粗蛋白质 CP（%）	粗脂肪 EE（%）	中性洗涤纤维 NDF（%）	酸性洗涤纤维 ADF（%）	非纤维性碳水化合物 NFC（%）	淀粉 ST（%）	粗灰分 Ash（%）	钙 Ca（%）	磷 P（%）	钾 K（%）
17	燕麦秸秆	全国，风干，30个样品平均值	94.69	5.31	2.29	74.29	47.95	9.53	1.90	8.58	0.45	0.16	2.41
18	燕麦草	国产，风干，180个样品平均值	92.50	6.10	2.80	63.70	40.80	18.30	6.84	9.10	0.44	0.22	1.72
19	燕麦草	澳洲进口，风干，15个样品平均数	94.10	6.33	2.10	53.92	32.92	29.95	8.62	7.70	0.38	0.18	1.21
20	小麦青贮	全国，全株，34个样品平均值	32.30	9.80	4.14	48.30	30.70	29.99	20.64	7.77	0.20	0.24	1.52
21	小麦青贮	全国，风干，100个样品平均值	29.60	9.70	4.31	53.70	34.70	23.28	12.78	9.01	0.24	0.27	1.64

附表2-2　常见农副产品原料成分及营养价值数据库（均以干物质为基础）

序号	样品名称	样品描述	干物质 DM（%）	粗蛋白质 CP（%）	粗脂肪 EE（%）	中性洗涤纤维 NDF（%）	酸性洗涤纤维 ADF（%）	非纤维碳水化合物 NFC（%）	淀粉 ST（%）	粗灰分 Ash（%）	钙 Ca（%）	磷 P（%）	钾 K（%）
1	玉米皮	全国地区，不喷浆，高淀粉，25个样品平均值	93.20	9.89	3.77	64.00	28.00	21.36	25.50	0.98	0.18	0.61	1.77

（续表）

序号	样品名称	样品描述	干物质DM（%）	粗蛋白质CP（%）	粗脂肪EE（%）	中性洗涤纤维NDF（%）	酸性洗涤纤维ADF（%）	非纤维碳水化合物NFC（%）	淀粉ST（%）	粗灰分Ash（%）	钙Ca（%）	磷P（%）	钾K（%）
2	玉米皮	全国地区，不喷浆，低淀粉，36个样品平均值	90.32	10.85	4.20	58.23	24.28	27.13	16.80	0.94	0.18	0.67	2.03
3	玉米皮	全国，喷浆，84个样品平均值	92.40	20.30	3.55	55.87	26.44	16.05	11.67	4.23	0.18	0.61	1.77
4	玉米皮	山东地区，喷浆，9个样品平均值	90.32	22.98	2.10	46.02	15.52	22.48	10.54	6.42	0.18	0.67	2.03
5	白酒糟	干，全国，15个样品平均值	91.80	16.90	4.50	55.60	40.60	13.41	8.50	9.59	0.13	0.39	0.74
6	白酒糟	湿，山东地区，2个样品平均值	39.70	18.25	4.85	41.20	32.45	27.30	11.50	8.40	0.24	0.47	0.80
7	次粉	北方地区，高淀粉，123个样品平均值	88.88	17.13	3.56	33.06	8.68	42.17	32.60	4.08	0.11	0.94	1.36
8	次粉	山东地区，中淀粉，28个样品平均值	89.45	16.50	4.50	39.70	12.70	35.10	26.85	4.20	0.13	0.92	1.35
9	糖蜜豆皮	全国，30个样品平均值	91.45	11.04	2.27	52.13	34.12	29.73	1.00	4.83	0.74	0.14	1.97

（续表）

序号	样品名称	样品描述	干物质 DM（%）	粗蛋白质 CP（%）	粗脂肪 EE（%）	中性洗涤纤维 NDF（%）	酸性洗涤纤维 ADF（%）	非纤维碳水化合物 NFC（%）	淀粉 ST（%）	粗灰分 Ash（%）	钙 Ca（%）	磷 P（%）	钾 K（%）
10	豆皮	全国，35个样品平均值	91.55	12.45	1.95	61.65	44.95	15.80	1.00	7.65	0.68	0.16	1.40
11	黄酒糟	山东地区，5个样品平均值	90.14	23.52	11.78	51.92	38.24	6.96	0.00	5.82	0.33	0.23	0.11
12	米糠	青岛平度，高脂	89.70	14.30	7.60	41.90	38.60	29.40	20.32	6.80	0.10	0.72	0.98
13	淀粉渣	青岛胶州，黄色	89.60	23.10	2.00	40.80	14.30	26.50	21.70	7.60	0.18	0.96	2.33
14	玉米胚芽粕	全国，20样品平均值	90.50	20.60	2.58	49.40	16.30	25.57	14.71	1.85	0.10	0.46	0.45
15	胡萝卜皮	青岛胶南，湿，下脚料	5.50	9.90	0.60	15.10	13.20	63.20	0	11.20	0.54	0.49	2.98
16	白萝卜皮	青岛胶南，湿，下脚料	14.30	18.10	0.70	36.40	28.60	25.40	0	19.40	1.11	0.63	4.56
17	牛蒡皮	青岛胶南，湿，下脚料	6.90	15.10	0.50	15.80	14.40	59.60	0	9.00	0.58	0.33	2.24
18	甜菜粕	新疆、黑龙江、甘肃，16个样品平均值	90.57	11.25	1.42	46.55	30.50	34.24	3.12	6.54	0.86	0.11	0.08
19	豆腐渣	山东地区，湿，4个样品平均值	16.83	19.43	1.40	39.68	26.48	35.83	0	3.68	0.56	0.21	1.22

（续表）

序号	样品名称	样品描述	干物质 DM（%）	粗蛋白质 CP（%）	粗脂肪 EE（%）	中性洗涤纤维 NDF（%）	酸性洗涤纤维 ADF（%）	非纤维碳水化合物 NFC（%）	淀粉 ST（%）	粗灰分 Ash（%）	钙 Ca（%）	磷 P（%）	钾 K（%）
20	啤酒糠	青啤酒厂，风干	88.60	10.10	1.70	61.20	23.50	17.30	0	9.70	0.29	0.28	0.60
21	苹果渣	山东地区，烘干，2个样品平均值	90.15	9.00	2.30	48.95	40.30	35.95	4.12	3.80	0.22	0.15	0.78
22	苹果渣	山东地区，湿，5个样品平均值	16.70	10.57	3.20	51.47	35.63	33.10	3.45	1.67	0.20	0.13	0.19
23	橘子渣	莱西，湿	11.50	9.90	3.20	54.60	55.60	31.40	2.00	0.90	0.23	0.08	0.27
24	木薯渣	青岛科奈尔，颗粒	93.00	9.80	0.90	68.80	61.70	1.20	1.00	19.30	0.88	0.11	0.26
25	花生壳	青岛胶南，干	88.20	5.80	0.30	83.10	64.50	4.00	0	6.80	0.41	0.08	0.41
26	花生皮	青岛莱西，红棕色	89.70	14.20	6.70	40.50	28.50	34.50	0	4.10	0.58	0.10	0.23
27	高粱壳	潍坊高密，干	88.60	3.90	0.50	66.80	45.90	20.60	5.23	8.20	0.15	0.09	0.60
28	葡萄皮	烟台葡萄酒厂，紫色，干	91.20	15.60	3.70	42.80	28.40	29.50	0	8.40	0.48	0.25	2.73
29	棕榈仁粕	东南亚，2样品平均值，棕褐色	93.00	15.90	10.90	50.30	14.00	18.70	0	4.20	0.57	0.62	0.84

附表2-3 奶牛常用蛋白质饲料原料成分及营养价值数据库（均以干物质为基础）

序号	样品名称	样品描述	干物质 DM（%）	粗蛋白质 CP（%）	粗脂肪 EE（%）	中性洗涤纤维 NDF（%）	酸性洗涤纤维 ADF（%）	非纤维碳水化合物 NFC（%）	淀粉 ST（%）	粗灰分 Ash（%）	钙 Ca（%）	磷 P（%）	钾 K（%）
1	豆粕	全国，43CP，279个样品平均值	87.61	48.88	1.21	13.11	7.37	27.13	2.00	6.41	0.64	0.70	2.44
2	豆粕	山东地区，46CP，13个样品平均值	88.40	52.23	0.93	16.37	11.69	26.89	2.00	6.83	0.48	0.68	2.35
3	膨化大豆	东北地区，35个样品平均值	89.95	39.10	17.43	22.70	10.93	15.28	2.00	5.49	0.41	0.57	2.01
4	发酵豆粕	全国，23个样品	91.41	54.30	1.01	17.20	10.93	20.13	1.00	7.36	0.58	0.56	2.29
5	热处理豆粕	全国，43CP，26个样品平均值	88.56	47.17	2.17	12.48	7.45	31.95	2.00	6.23	0.26	0.40	1.28
6	豆饼	东北地区，40CP，53个样品平均值	90.96	45.34	7.48	19.23	12.89	21.55	2.50	6.40	0.00	0.00	0.00
7	豆饼	山东地区，42CP，4个样品平均值	87.20	48.57	8.67	18.37	12.27	17.77	2.50	6.63	0.38	0.74	2.46

（续表）

序号	样品名称	样品描述	干物质DM（%）	粗蛋白质CP（%）	粗脂肪EE（%）	中性洗涤纤维NDF（%）	酸性洗涤纤维ADF（%）	非纤维碳水化合物NFC（%）	淀粉ST（%）	粗灰分Ash（%）	钙Ca（%）	磷P（%）	钾K（%）
8	花生饼	山东地区，8个样品平均值	93.20	47.68	8.72	16.50	9.83	21.47	2.00	5.63	0.19	0.78	1.41
9	花生粕	山东地区，6个样品平均值	89.93	51.83	1.68	21.08	14.90	17.63	2.00	7.80	0.32	0.85	1.45
10	棉粕	新疆地区，125个样品平均值	90.10	51.78	1.21	33.23	16.77	6.93	2.00	6.85	0.30	1.05	1.85
11	棉粕	山东地区，13个样品平均值	88.80	41.71	0.46	44.84	25.14	6.42	2.00	6.57	0.29	1.04	1.85
12	全棉籽	山东地区，带绒，8样品平均值	89.80	23.30	13.91	51.60	36.00	6.79	2.00	4.40	0.39	0.69	1.31
13	全棉籽	新疆，带绒，8样品平均值	89.80	23.50	18.34	50.21	40.32	3.75	2.00	4.20	0.39	0.69	1.31
14	DDGS	全国，高脂，46个样品平均值	90.80	28.60	11.46	0.00	0.00	0.00	13.23	4.89	0.00	0.00	0.00
15	DDGS	全国，低脂低蛋白，77个样品平均值	90.01	28.50	3.69	0.00	0.00	0.00	12.56	4.64	0.00	0.00	0.00

（续表）

序号	样品名称	样品描述	干物质DM（%）	粗蛋白质CP（%）	粗脂肪EE（%）	中性洗涤纤维NDF（%）	酸性洗涤纤维ADF（%）	非纤维碳水化合物NFC（%）	淀粉ST（%）	粗灰分Ash（%）	钙Ca（%）	磷P（%）	钾K（%）
16	DDGS	山东地区，高蛋白，3个样品平均值	89.87	32.90	4.60	37.00	17.27	19.53	15.12	5.97	0.24	0.59	1.06
17	芝麻粕	河南，43样品平均值，棕褐色	90.20	46.70	4.30	35.59	19.26	0.26	1.00	13.15	2.20	1.25	0.74
18	芝麻粕	青岛，2样品平均值，棕褐色	95.00	25.40	17.00	26.50	20.00	5.90	1.00	25.20	2.20	0.93	0.74
19	啤酒糟	湿，全国，78个样品平均值	25.86	27.73	8.21	59.21	32.15	0.84	3.52	4.01	0.44	0.59	0.02
20	菜粕	加拿大，双低，18个样品平均值	92.13	40.84	2.18	31.56	21.33	18.36	10.89	7.06	0.78	1.32	1.26
21	菜粕	普通菜粕，全国12个样品平均数	90.81	38.94	3.12	31.32	23.78	18.80	11.72	7.82	0.69	1.23	1.35
22	玉米蛋白粉	全国，27个样品平均值	91.64	63.85	2.51	12.58	6.23	18.91	14.46	2.15	#REF!	0.56	0.32

附表2-4　奶牛常用能量饲料原料成分及营养价值数据库（均以干物质为基础）

序号	样品名称	样品描述	干物质 DM（%）	粗蛋白质 CP（%）	粗脂肪 EE（%）	中性洗涤纤维 NDF（%）	酸性洗涤纤维 ADF（%）	非纤维碳水化合物 NFC（%）	淀粉 ST（%）	粗灰分 Ash（%）	钙 Ca（%）	磷 P（%）	钾 K（%）
1	玉米	带芯高水分，内蒙古、东北，12个样品平均值	42.61	8.31	3.71	15.50	9.78	69.03	60.32	3.45	0.11	0.25	0.51
2	玉米	全国，168个样品平均值	85.47	8.66	3.72	9.71	2.70	76.59	74.33	1.32	0.05	0.30	0.50
3	玉米	压片，全国，200样品，平均容重355克/升	86.80	8.33	3.27	8.85	2.94	78.40	75.25	1.15	0.06	0.22	0.36
4	小麦麸	全国，高淀粉，79个样品平均值	88.05	17.86	2.60	35.82	12.05	37.43	24.82	6.29	0.13	1.15	1.48
5	小麦麸	山东地区，低淀粉，21个样品平均值	87.63	18.77	2.70	41.62	15.67	30.73	18.35	6.18	0.13	1.13	1.47
6	大麦	全国，颗粒，60个样品平均值	87.60	12.37	1.90	16.30	5.01	66.85	58.07	2.58	0.10	0.40	0.38
7	小麦	全国，32个样品平均值	88.04	15.40	1.10	11.24	2.99	70.67	68.26	1.59	0.06	0.40	0.57
8	地瓜颗粒	青岛科奈尔，颗粒	89.20	6.90	0.80	16.30	10.70	68.40	58.91	7.60	0.35	0.17	0.57

附录3　奶牛不同类别TMR营养水平和每日精料补充料采食量推荐

附表3-1　不同阶段奶牛TMR营养水平

项目	不同类别TMR的营养水平（以干物质为基础）				
	干奶牛TMR	高产牛TMR	中产牛TMR	低产牛TMR	后备牛TMR
产奶量M（千克）		≥45	25～45	≤25	
干物质DMI（千克）	13～14	24～27	22～23	19～21	9～10
净能NE_L（MJ/千克）	5.77	7.03～7.46	6.70～7.03	6.28～6.70	5.4～5.86
脂肪Fat（%）	<3	5～7	4～6	4～5	<3
粗蛋白质CP（%）	12～13	17～18	16～17	15～16	13～14
降解蛋白RDP（%CP）	70	62～66	62～66	62～66	68
非降解蛋白RUP（%CP）	25	34～38	34～38	34～38	32
赖氨酸Lys（%MP）		6.0～6.6	6.0～6.6	6.0～6.6	
蛋氨酸Met（%MP）		2.0～2.2	2.0～2.2	2.0～2.2	
赖蛋比Lys：Met		2.8～3.1	2.8～3.1	2.8～3.1	
中性洗剂纤维NDF（%）	40	28～32	32～35	35～45	40～45
酸性洗剂纤维ADF（%）	30	18～20	20～22	22～24	20～21
粗饲料提供的NDF（%）	30	16～19	18～20	19～22	
钙Ca（%）	0.60	0.9～1.0	0.8～0.9	0.7～0.8	0.41
磷P（%）	0.26	0.46～0.5	0.42～0.5	0.42～0.5	0.28
镁Mg（%）	0.30	0.30	0.25	0.25	0.11
钾K（%）	0.65	1.0～1.5	1.0～1.5	1.0～1.5	0.48
钠Na（%）	0.1	0.3	0.2	0.2	0.08
氯Cl（%）	0.2	0.25	0.25	0.25	0.11

（续表）

项目	不同类别TMR的营养水平（以干物质为基础）				
	干奶牛TMR	高产牛TMR	中产牛TMR	低产牛TMR	后备牛TMR
硫S（%）	0.16	0.25	0.25	0.25	0.2
钴Co（毫克/千克）	0.11	0.11	0.11	0.11	0.11
铜Cu（毫克/千克）	16	14	10	9	10
碘I（毫克/千克）	0.50	0.88	0.60	0.45	0.30
铁Fe（毫克/千克）	20	20	15	14	40
锰Mn（毫克/千克）	21	21	20	14	14
硒Se（毫克/千克）	0.30	0.30	0.30	0.30	0.30
锌Zn（毫克/千克）	26	65	43	65	32
维生素A VA（IU/天）	100 000	100 000	50 000	50 000	40 000
维生素D VD（IU/天）	30 000	30 000	20 000	20 000	13 000
维生素E VE（IU/天）	2 000	600	500	500	330

附表3-2 保证一定产乳水平所必需的每日精补料采食量推荐（千克/天）

产奶量（千克/天）	精补料净能浓度（NE_L）（兆焦/千克）										
	6.56	6.35	6.10	5.89	5.73	5.56	5.18	5.02	4.89	4.56	4.18
11.5	2.76	2.76	2.76	3.22	3.68	4.54	4.6	5.06	5.52	6.44	6.90
13.8	2.76	2.76	2.76	3.68	4.6	5.06	5.52	5.98	6.44	6.9	7.82
16.1	2.76	2.76	3.68	4.6	5.06	5.52	5.98	6.44	6.9	7.36	8.28
18.4	2.76	3.66	4.6	5.52	5.98	6.44	6.9	7.36	7.82	8.28	9.2
20.7	3.68	4.4	5.52	6.42	6.9	7.36	7.82	8.28	8.74	9.2	10.12
23.0	4.6	5.52	6.44	7.82	8.28	7.74	9.2	9.66	10.12	10.58	11.5
25.3	5.98	6.9	7.82	8.74	9.2	9.66	10.12	10.58	11.04	11.96	12.42
27.6	7.36	8.28	9.2	10.12	10.58	11.04	1.5	11.96	12.42	12.88	13.8
29.9	8.28	9.2	10.12	11.04	11.5	11.96	12.42	12.88	13.34	13.8	14.72
32.2	9.66	10.58	11.5	12.42	12.88	13.34	13.8	14.26	14.72	15.18	**
34.5	10.58	11.5	12.42	13.34	13.8	14.26	14.72	15.18	**	**	**
36.8	11.96	12.88	13.8	14.26	14.26	14.26	14.72	**	**	**	**
39.1	12.88	13.8	14.26	14.72	15.64	14.72	**	**	**	**	**
41.4	14.26	14.72	**	**	**	**	**	**	**	**	**
43.7	15.18	**	**	**	**	**	**	**	**	**	**

注：① 每日精料采食量指在该粗料条件下，精料自由采食量；② 头胎、二胎母牛和更大年龄的母牛（泌乳后半期），应多喂0.92～1.8千克精料；③ 超过3.6%乳脂的乳牛，乳脂每增加0.3%，应多喂0.64千克精料；④ **是指喂高于此水平精料时必须采食足够量的粗料，另外精料配方中应注意保证足够的NDF水平，使用能量浓度高的饲料。

附录4　奶牛场常用消毒剂配制与使用方法

附表4–1　奶牛场常用消毒剂配制方法

序号	常用消毒剂	配制方法	注意事项
1	0.1%高锰酸钾	称取1克高锰酸钾，装入量器内，加适量蒸馏水使其溶解，再加水至1 000毫升	现用现配，不宜久放
2	2%氢氧化钠（苛性钠）	称取20克氢氧化钠，装入量器内，加入适量水搅拌使其溶解，再加蒸馏水至1 000毫升，配制完成后密闭保存	托盘天平称取时，要放在小烧杯中，以免腐蚀托盘
3	5%漂白粉乳剂	称取50克漂白粉，放入1 000毫升蒸馏水中，混匀成悬液即可	使用时需做有效氯含量测定，有效氯不到16%时不适用于消毒
4	20%新鲜石灰乳	1千克生石灰加5千克水，操作时首先称取适量生石灰，装入容器内，把少量水缓慢加入生石灰内，稍停，使石灰变为粉状的熟石灰时，再加入剩余蒸馏水，搅匀即可	最好用陶瓷缸或木桶等配制
5	福尔马林溶液	每立方米空间28毫升福尔马林（40%甲醛溶液）、14克高锰酸钾、10毫升水	将福尔马林溶液倒入高锰酸钾中，操作过程中注意人员的安全
6	0.1%新洁尔灭	量取5%新洁尔灭溶液100毫升置于5 000毫升的配制容器中，加蒸馏水（或纯净水）至5 000毫升稀释而成	密闭保存
7	5%硫酸铜	称取5克硫酸铜，装入量器内，加入适量水搅拌使其溶解，再加蒸馏水（或纯净水）至100毫升	
8	0.5%过氧乙酸	在1 000毫升蒸馏水中加16%过氧乙酸33毫升	现配现用
9	75%酒精	用量器称取95%乙醇789.5毫升，加蒸馏水（或纯净水）稀释至1 000毫升	配置完成后密闭保存

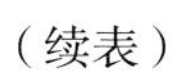

（续表）

序号	常用消毒剂	配制方法	注意事项
10	0.2%百毒杀	百毒杀按1：500倍蒸馏水（或纯净水）稀释使用	皮肤等碰到原液请立即冲洗干净
11	5%碘酊	称取碘化钾30克，加少许蒸馏水制成饱和溶液，加碘片50克溶解，再加95%乙醇800毫升稀释，最后加蒸馏水使成1 000毫升，搅匀即可	密封，在凉暗处保存
12	碘甘油	称取碘化钾10克，加入10毫升蒸馏水溶解后，加碘10克，搅拌使溶解，再加甘油使成1 000毫升，搅匀即可	遮光，密封保存

附表4–2　消毒方法及注意事项

序号	消毒对象	常用消毒剂	消毒方法	注意事项
1	牛舍地面、墙壁和运动场和牛舍出入口	2%苛性钠、20%新鲜石灰乳	喷洒	牛舍消毒后要用水冲洗，方可让牛进入牛舍
2	牛舍空气	福尔马林溶液	熏蒸	提前将牛移出，密闭门窗48小时以上
3	室内白大褂、靴子等物	紫外线	紫外线灯照射	不适合人员体表消毒
4	挤奶厅	0.2%百毒杀	喷雾或冲洗	加水用高压清洗机冲洗地面
5	车辆消毒通道	2%苛性钠、0.5%过氧乙酸	设消毒池或喷洒至表面湿润	喷洒时保持时间不少于60分钟
6	料槽、饲料车、挤奶设备、奶罐车等	2%苛性钠、0.5%过氧乙酸	喷洒	防止损害皮肤
7	外来人员	DCW次氯酸消毒液	喷雾	在紫外线消毒间更换衣、帽及胶靴
8	兽医用具、助产和配种用具	0.1%新洁尔灭或0.5%过氧乙酸	浸润	使用前彻底清洗
9	奶牛乳房、乳头等部位	0.5%碘伏	乳头药浴	消毒前用温热毛巾擦洗后再消毒

（续表）

序号	消毒对象	常用消毒剂	消毒方法	注意事项
10	消毒乳房用毛巾	0.5%漂白粉	浸泡或煮沸	高压灭菌后备用
11	脐带断端	5%碘酊	擦拭	及时给犊牛初乳
12	场内污水池、排粪坑和下水道出口	5%漂白粉乳剂、20%石灰乳	喷洒	消毒前彻底清理粪污
13	运送病死牛工具	2%苛性钠、5%漂白粉乳剂	冲洗	死亡病牛进行无害化处理
14	病牛舍	0.5%过氧乙酸	喷洒	应将病牛隔离
15	牛的皮肤、注射针头及小件医疗器械	75%酒精、0.1%新洁尔灭	浸泡或擦拭	不可与肥皂同用
16	手术、注射部位消毒	5%碘酊	擦拭	
17	黏膜炎症及创伤、溃疡	碘甘油、0.1%高锰酸钾	局部涂擦	现用现配
18	蹄部	5%硫酸铜（或百里香酚等环保蹄浴液）	蹄浴	

附录5　牛场常用的中成药和治疗乳房炎中草药方剂

附表5-1　牛场常用的中成药方剂

分类	名称	成分	性状	功能	主治	用法与用量
解表剂	银翘散	金银花60克、连翘45克、荆芥30克、薄荷30克、桔梗25克、牛蒡子45克，淡竹叶20克、甘草20克、芦根30克	棕褐色粗粉，气芳香，味微甘、苦、辛	辛凉解表、清热解毒	防治风热感冒，咽喉肿痛，疮痈初起	内服，250～400克
	桑菊散	桑叶45克、菊花45克、连翘45克、薄荷30克、苦杏仁20克、桔梗30克、甘草15克，芦根30克	棕褐色粉末，气微香，味微苦	疏风清热、宣肺止咳	外感风热、咳嗽	内服，200～300克
	柴胡注射液	柴胡	无色或微乳白色的澄明液体；气芳香	解热	感冒发热	肌内注射，20～40毫升
清热剂	清瘟败毒散	生石膏120克、生地黄30克、水牛角60克、黄连20克、栀子30克、牡丹皮20克、黄芩20克、赤芍25克、玄参25克、知母30克、连翘30克、桔梗25克、甘草15克、淡竹叶25克	灰黄色粗粉，气微香、味苦	泻火解毒、凉血养阴	牛出败，乳房炎等	内服，300～450克
泻下剂	大承气散	大黄60克、厚朴30克、枳实30克、玄明粉180克	棕褐色粗粉、气微香、味咸、涩	峻下热结、破结通肠	结症、便秘	内服，300～500克

（续表）

分类	名称	成分	性状	功能	主治	用法与用量
泻下剂	当归苁蓉散	当归180克、肉苁蓉90克、番泻叶45克、瞿麦15克、六神曲60克、木香12克、厚朴45克、枳壳30克、香附45克、通草12克	黄棕色粉末，气香，味甘	润燥滑肠、理气通便	老、弱、孕畜结症	内服，350～500克，加麻油250克
	大戟散	京大戟30克、滑石90克、甘遂30克、牵牛子60克、黄芪45克、玄明粉200克、大黄60克	黄色粗粉，气辛香，味咸涩	逐水、泻下	牛水草肚胀，宿草不转	150～300克，加猪油250克内服
和解剂	小柴胡散	柴胡45克，黄芩45克，半夏30克，党参45克，甘草15克	黄色粗粉，气微香，味甘	和解少阳，扶正祛邪，解热	少阳证、寒热往来，不欲饮食，口津少，反胃呕吐	内服，100～250克
消导剂	木香槟榔散	木香15克、槟榔15克、枳壳15克、陈皮15克、青皮50克、香附30克、三棱15克、黄连15克、黄柏30克、大黄30克、牵牛子30克、玄明粉60克	灰棕色粗粉，气香、味苦、微咸	行气导滞，泄热通便	痢疾腹痛，胃肠积滞	内服，300～450克
	前胃活散	槟榔20克、牵牛15克、木香45克、神曲45克、麦芽60克、黄芩30克、甘草20克	黄棕色粗粉，气清香，味辛	消食导滞，行气宽肠，健脾益胃，升清降浊	牛前胃弛缓	250～450克
	复方大黄酊	大黄粗粉100克、橙皮粗粉20克、草豆蔻粗粉20克、60%乙醇适量	黄棕色液体，气香，味苦	健脾消食，理气开胃	慢草不食，消化不良、食滞不化	50～100毫升

（续表）

分类	名称	成分	性状	功能	主治	用法与用量
理气剂	厚朴散	厚朴30克、陈皮30克、麦芽30克、五味子30克、肉桂30克、砂仁30克、牵牛子15克、青皮30克	深灰黄色粗粉，气辛香，味微苦	行气消食，温中散寒	脾虚气滞、胃寒少食	200～250克
理血剂	十黑散	知母30克、黄柏25克、栀子25克、地榆25克、槐花20克、蒲黄25克、侧柏叶20克、棕板炭25克、杜仲25克、血余炭15克	深褐色粗粉，味焦苦	凉血、止血	膀胱积热，尿血、便血	200～250克
治风剂	五虎追风散	僵蚕15克、天麻30克、全蝎15克、蝉蜕15克、天南星（炮）30克	黑棕色粗粉，味辛咸，微苦	熄风解痉	破伤风	180～240克
祛寒剂	健脾散	当归20克、白术30克、青皮20克，陈皮25克、厚朴30克、肉桂30克、干姜30克、茯苓30克、五味子25克、石菖蒲25克、砂仁20克、泽泻30克、甘草20克	浅红棕色粗粉，气香，味辛	温中健脾、利水止泻	胃寒草少，冷肠泄泻	250～350克
	理中散	党参60克、干姜30克、甘草30克、白术60克	灰黄色粗粉，气香，味辛	温中散寒，补气健脾	脾胃虚寒，食少，泄泻，腹痛	200～300克
祛湿剂	五苓散	茯苓100克、泽泻200克、猪苓100克、肉桂50克，白术100克	淡黄色粗粉，气微香，味甘	温阳化气，利湿行水	水湿内停，排尿不利、泄泻、水肿	150～250克
	滑石散	滑石60克、泽泻45克、灯芯草15克、茵陈30克、知母25克、黄柏30克、猪苓25克、瞿麦25克	淡黄色粗粉，气辛香，味淡，微苦	清热利湿、通淋	膀胱热结、排尿不利	120～240克
	五皮散	桑白皮30克、陈皮30克、大腹皮30克、生姜皮15克、茯苓皮30克	褐黄色粗粉，气微香、味辛	行气、化湿、利水	浮肿	120～240克

（续表）

分类	名称	成分	性状	功能	主治	用法与用量
止咳平喘剂	止咳散	知母25克、枳壳20克、麻黄15克、桔梗30克、苦杏仁25克、桑白皮25克、陈皮25克、生石膏30克、前胡25克、射干25克、枇杷叶20克、甘草15克	棕褐色粗粉，气清香，味甘	清肺化痰，止咳平喘	肺热咳嗽	250～300克
	清肺散	板蓝根90克、葶苈子30克、浙贝母30克、桔梗30克、甘草25克	灰黄色粗粉，气清香，味甘	清肺平喘、化痰止咳	肺热咳喘，咽喉肿痛	200～300克
	定喘散	桑白皮25克、苦杏仁20克、莱菔子30克、葶苈子30克、紫苏子20克、党参30克、白术20克、木通20克、大黄30克、郁金25克、黄芩25克、栀子25克	黄褐色粗粉，气微香，味甘	清肺，止咳定喘	肺热咳嗽，气喘	200～350克
驱虫剂	驱虫散	使君子30克、槟榔30克、雷丸30克、贯众60克、干姜15克、附子15克、乌梅30克、大黄30克、百部30克、木香15克	褐色粗粉	驱虫	胃肠道寄生虫	250～300克
疮黄剂	公英散	蒲公英60克、金银花60克、连翘60克、丝瓜络30克、通草25克、木芙蓉25克、浙贝母30克	黄棕色粗粉，味甘	清热解毒，消肿散痈	乳痈初起，红肿热痛	250～300克

附表5–2　常用治疗奶牛乳房炎中草药方剂

适应证	名称	成分	用法	方剂加减
适用于热毒壅盛型、急性乳房炎方剂	仙方活命饮	金银花60克、当归45克、陈皮30克、防风20克、白芷20克、甘草15克、浙贝母25克、天花粉30克、乳香25克、没药25克、皂刺20克、赤芍30克、穿山甲（蛤粉炒）30克、黄酒150毫升为引	共为末，开水冲服	乳汁不通者加木通、通草、王不留行、路路通；体温升高者加蒲公英、连翘；痛不甚者可减去乳香、没药；乳汁带血者加侧柏叶、白茅根、地榆、生地等；体质虚弱者方中加党参、黄芪、白术、山药；乳汁多脓者加重黄芪用量
	瓜蒌牛蒡汤	瓜蒌60克、牛蒡子30克、花粉30克、连翘30克、金银花30克、黄芩25克、陈皮25克、生栀子25克、皂角刺25克、柴胡25克、生甘草15克、青皮15克		乳汁壅滞者，加漏芦、王不留行、木通、通草、路路通；不哺乳或断乳后，乳房肿胀者，宜回乳，加焦麦芽；有肿块者，加当归、赤芍；恶露未净者，加当归、川芎、益母草；恶寒者，加荆芥、防风
	双丁散	蒲公英100～200克、地丁50～100克、大黄40～60克、花粉30～50克、连翘30～50克、双花50～100克、栀子40～50克、陈皮40～50克、青皮40～50克、蒌仁30～40克、黄柏50～80克、木香25～35克、蝉蜕30～40克、甘草15～25克	研末，开水冲调温服，每日1剂，用量视年龄、体重、虚实、季节、轻重加减	乳房有肿块者加赤芍、皂角刺；乳汁壅滞者加王不留行、路路通；须回乳者加焦山楂、焦麦芽；红肿甚者加大大黄、翘、栀子、黄柏的用量

（续表）

适应证	名称	成分	用法	方剂加减
适用于气滞血淤型、慢性乳房炎方剂	逍遥散	柴胡45克、当归45克、白芍45克、枳壳30克、青皮30克、白术45克、茯苓45克、甘草20克、生姜15克、薄荷10克、香附30克	共为末，开水冲调，候温服	
	加味血府去淤汤	当归5克、生地50克、牛膝50克、红花40克、桃仁60克、柴胡25克、赤芍3克、枳壳40克、桔梗25克、甘草20克	研为细末，开水约1 500毫升冲服，每日1剂；适用于慢性乳房炎有硬结者，对一般有硬结慢性乳房炎需5剂；对较重的需7～10剂	
	乳炎散	金银花100克，蒲公英100克，连翘60克，黄连35克，花粉55克，赤芍、当归、贝母、白芷、皂角刺各45克	加水浸泡1小时，熬制好的药液加入250毫升的白酒，每日1剂，连用3剂	
适用于增生性乳房炎、乳房硬块方剂		蒲公英、金银花、连翘各50克，木芙蓉、浙贝母、丝瓜络各30克，通草25克，黄柏40克，皂角刺、穿山甲（炮制）各30克	连用3剂	如乳腺增生硬块难消加昆布、海藻、蚤休30～40克，研末冲灌，每日1剂，连服3～4剂
适用于出血性乳房炎方剂		双花、菊花、公英、紫花地丁、连翘各50克，川连、夏枯草、藕节、当归、焦地榆、棕炭、天花粉各30克，广三七15克	共研细末，开水冲调，加黄酒200毫升，1次灌服	体温高时加黄柏、黄芩、山栀子各50克；食欲不佳，另加焦山楂、麦芽、鸡内金、陈皮、厚朴各35克；如乳房肿热有疼痛，另加大青叶、泽兰、乳香、没药、元胡各40克。每日1剂，连用3～5日